博碩文化

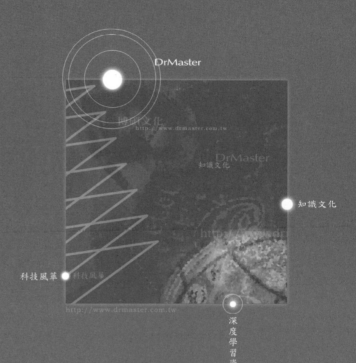

DrMaster

知識文化

科技風華

http://www.drmaster.com.tw

深度學習資訊新領域

● DrMaster

深度學習資訊新領域

http://www.drmaster.com.tw

iT邦幫忙 鐵人賽

博碩文化

跟著 iOS Developer
一起學寫 Android App

第11屆
iT邦幫忙
鐵人賽
佳作
iThome

以iOS的角度詳細描述Android的實作過程

◆ 初學者能夠輕鬆學習實作Android的過程
◆ 精選5大主題循序漸進讓你簡單操作
◆ 詳盡的步驟圖文解說內容快速上手

謝騰飛 —— 著

跟著 iOS Developer 一起學寫 Android App

作　　者：謝騰飛
責任編輯：賴彥穎

董 事 長：陳來勝
總 編 輯：陳錦輝

出　　版：博碩文化股份有限公司
地　　址：221 新北市汐止區新台五路一段 112 號 10 樓 A 棟
　　　　　電話 (02) 2696-2869　傳真 (02) 2696-2867

郵撥帳號：17484299　　戶名：博碩文化股份有限公司
博碩網站：http://www.drmaster.com.tw
讀者服務信箱：dr26962869@gmail.com
訂購服務專線：(02) 2696-2869 分機 238、519
（週一至週五 09:30 ～ 12:00；13:30 ～ 17:00）

版　　次：2021 年 3 月初版

建議零售價：新台幣 420 元
Ｉ Ｓ Ｂ Ｎ：978-986-434-747-6（平裝）
律師顧問：鳴權法律事務所 陳曉鳴 律師

本書如有破損或裝訂錯誤，請寄回本公司更換

國家圖書館出版品預行編目資料

跟著 iOS Developer 一起學寫 Android App/ 謝騰飛著 .
-- 初版 . -- 新北市：博碩文化股份有限公司，2021.03
面；　公分
ISBN 978-986-434-747-6(平裝)

1. 系統程式 2. 電腦程式設計 3. 行動資訊

312.52　　　　　　　　　　　　　　　110003866

Printed in Taiwan

博 碩 粉 絲 團　歡迎團體訂購，另有優惠，請洽服務專線
(02) 2696-2869 分機 238、519

序 言

各位讀者好，筆者是一位 iOS 開發者，但我本身對於所有前端開發技術都很有興趣，所以首先指染（？）的技術就是 Andorid，而本書正是筆者在學習的過程中所做的分享。

本書與一般市面上常見技術書籍不大相同，是以「iOS 的角度」去撰寫，用筆記的形式做紀錄，並輔以獨立的小範例做說明，其中若是有遇到與 iOS 相似或相異的地方，會以⚠跟♣符號提醒讀者，期望達到觸類旁通的效果。

本書的程式語言是使用 Java 進行開發，但由於重點是放在 Android 的畫面與功能上的應用，並不是要探討語言特性，故筆者相信各位熟悉 Swift 或 Kotlin 的讀者在閱讀上一定是沒有問題的（笑）。

在內容上，可以分成五篇三十章，簡單介紹如下：

- 入門篇：Ch.1~Ch.5，介紹開發環境、專案設定、基本畫面等開發基礎。
- 排版篇：Ch.6~Ch.9，介紹 Android 各種排版方式。
- 元件篇：Ch.10~Ch.17，介紹 Android 常見的 UI 元件。
- 功能篇：Ch.18~Ch.28，介紹一些手機 App 常見的功能，如打 API、地圖、推播等等。
- 完結篇：Ch.29~Ch.30，App 的打包與上架，並整理前面 29 章的重點。

前面有提到本書有提供各式各樣的實作範例，原始碼可到 https://github.com/mark33699/IDLA 進行下載（IDLA 是 iOS Developer Learning Android 的縮寫 XD）；範例程式也有上架到 Google Play，可至 https://play.google.com/store/apps/details?id=org.markfly.idla1 進行安裝。

本書有另外一個系列的姊妹作：IDLF，一樣是用 iOS 的角度去類比 Flutter，有興趣的讀者可去 https://ithelp.ithome.com.tw/users/20117052/ironman/3216 參考；而 https://speakerdeck.com/mark33699/ios-android-flutterchao-ji-bi-bi 則是關於 iOS、Android、Fluter 三個比較的投影片，也提供給大家。

最後，這本書是筆者的第一本書，可能文筆沒有其他的書那麼好，還請各位多多包涵，希望書中能有幫到各位的地方，若有任何批評指教或交流的，都歡迎來信 mark.appledeveloper@gmail.com，謝謝。

目 錄

Part 01 入門篇

Part 02 排版篇

Part 03 元件篇

Part **04** 功能篇

Part **05** 完結篇

01
| Part |

入門篇

環境建立

Android Studio

以前沒有 Android Studio 的時候比較麻煩，用 Eclipse 還要下載 JVM、設環境變數。

1. 現在只要去 https://developer.android.com/studio 下載就好（如圖 1-1-1 所示）：

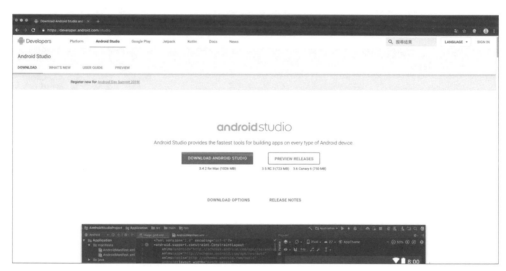

▲圖 1-1-1

2. 雙擊 dmg 檔，拖曳到應用程式資料夾。

3. 啓動畫面（如圖 1-1-2 所示）：

▲圖 1-1-2

4. 一開始就可以設定 Theme（如圖 1-1-3 所示）：

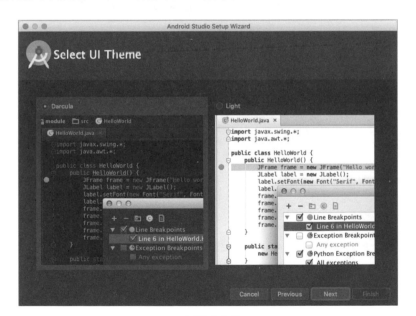

▲圖 1-1-3

5. 選 Custom 看看（如圖 1-1-4 所示）：

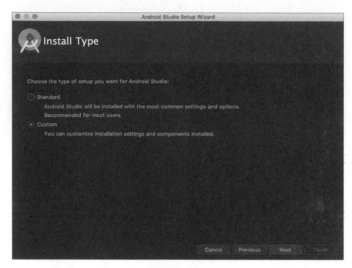

▲圖 1-1-4

6. 可以先下載 Android Virtual Device，Android Studio 也建議我們裝（如圖 1-1-5 所示）：

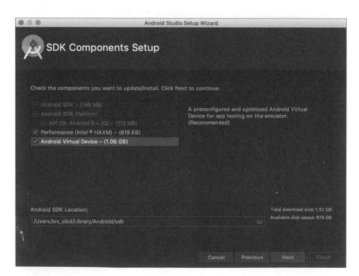

▲圖 1-1-5

7. 可以把 Emulator 的 RAM 調高（如圖 1-1-6 所示）：

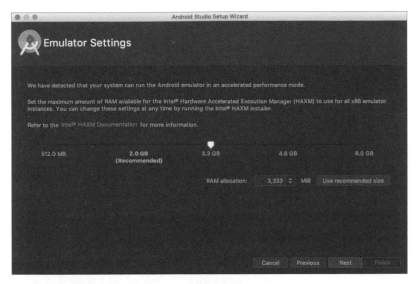

▲圖 1-1-6

8. 如果遇到錯誤訊息（如圖 1-1-7 所示）：

▲圖 1-1-7

9. 可以試試不要勾選 Android Virtual Device，或是直接標準安裝，等他跑完就可以 Finish 了（如圖 1-1-8 所示）：

▲圖 1-1-8

10. 大功告成（如圖 1-1-9 所示）：

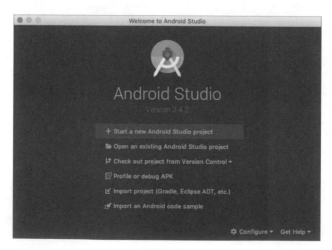

▲圖 1-1-9

11. 本書使用的 Android Studio 版本（如圖 1-1-10 所示）：

▲圖 1-1-10

▌開新專案

1. 跟 Xcode 一樣，有模板可以選擇，但種類更多。因為 Basic 多了一顆按鈕，這邊我們選擇 Empty（如圖 1-2-1 所示）：

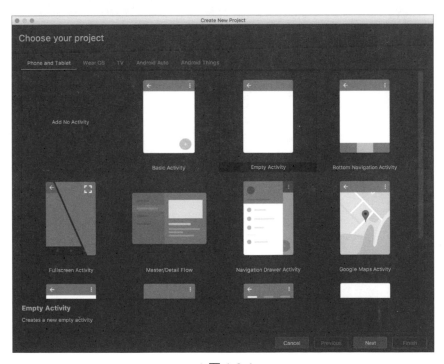

▲圖 1-2-1

2. 專案設定，也跟 Xcode 差不多，package name 就是我們的 bundle ID，本專案名稱爲 IDLA，就是 iOS Developer Learning Android 的意思（如圖 1-2-2 所示）：

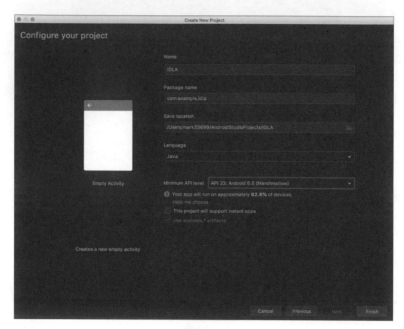

▲圖 1-2-2

3. 圖 1-2-2 可以點 Help me choose ，會有如圖 1-2-3 的版本使用率，滿貼心的。這邊我們選落差產生前的版本 6.0：

跟著 iOS Developer 一起學寫 Android App

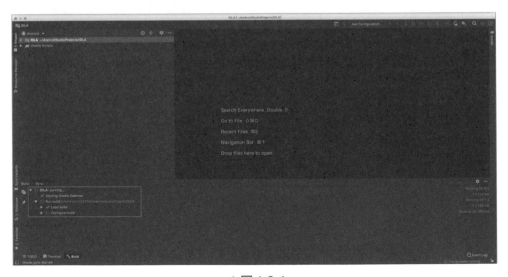

Android Platform/API Version Distribution

ANDROID PLATFORM VERSION	API LEVEL	CUMULATIVE DISTRIBUTION
4.0 Ice Cream Sandwich	15	
4.1 Jelly Bean	16	99.6%
4.2 Jelly Bean	17	98.1%
4.3 Jelly Bean	18	95.9%
4.4 KitKat	19	95.3%
5.0 Lollipop	21	85.0%
5.1 Lollipop	22	80.2%
6.0 Marshmallow	23	62.6%
7.0 Nougat	24	37.1%
7.1 Nougat	25	14.2%
8.0 Oreo	26	6.0%
8.1 Oreo	27	1.1%

Ice Cream Sandwich

Contacts Provider
Social APIs
User profile
Invite intent
Large photos

Calendar Provider
Calendar APIs
Event intents

Voicemail Provider
Add voicemails to the device

Multimedia
Media effects for images and videos
Remote control client
Improved media player

Camera
Face detection
Focus and metering areas
Continuous auto focus
Camera broadcast intents

Connectivity
Android Beam for NDEF push with NFC
Wi-Fi P2P connections
Bluetooth health profile
Network usage and controls

Accessibility
Explore-by-touch mode
Accessibility for views
Accessibility services
Improved text-to-speech engine support

User Interface
Spell checker services
Improved action bar
Grid layout
Texture view
Switch widget
Improved popup menus
System themes
Controls for system UI visibility
Hover event support
Hardware acceleration for all windows

Enterprise
VPN services
Device policies
Certificate management

Device Sensors
Improved sensors
Temperature sensor
Humidity sensor

https://developer.android.com/about/versions/android-4.0.html

Cancel　OK

▲圖 1-2-3

4. 專案已建立完成（如圖 1-2-4 所示）：

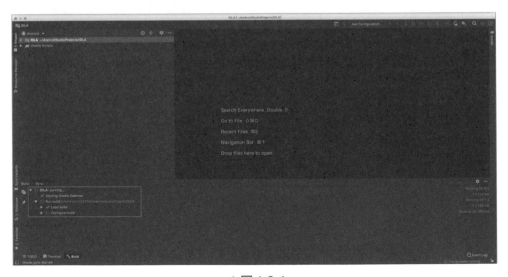

▲圖 1-2-4

專案剛建立完，並無法馬上使用，必須等 Android Studio 做一些同步跟下載。

5. 接下來介紹一下 Android Studio 的畫面配置（如圖 1-2-5 所示）：

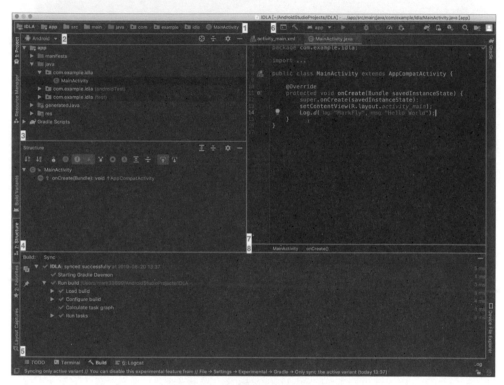

▲圖 1-2-5

下面會根據圖 1-2-5 的 8 個部分做說明。

1. 目前檔案所在路徑。

2. 檔案架構。

　(1)會有多種架構可以選擇，不同的架構會影響下方檔案樹的顯示，基本上都是使
　　 用 Android 這個架構，會比較容易看到專案內使用的檔案。

(2)如果需要看到真實 Finder 的路徑，需要切換到 Project 檔案架構，也才會跟上面那條路徑 bar 一致。

 不能跟 Xcode 一樣隨意改變檔案的位置跟順序。

3. 檔案樹。

(1)每個東西要放哪都是固定好的，例如 code 放在 java>{package name} 裡面，畫面檔放在 res>layout 裡面。

(2)Android Studio 有種特殊的資料夾叫做 package，如果你 new 一個 package 叫做 aaa.bbb.ccc，在 finder 裡面就會變成三個資料夾，aaa>bbb>ccc。

 Xcode 無法建立 package 資料夾，但 Android Studio 也沒有 Group without Folder 這種資料夾。

4. 這是顯示一個檔案裡面有哪些 function，要另外點左邊的 Structure 標籤才會出現這個區塊。

 以前 Xcode 的檔案結構是放在路徑的最後面。

5. Android Studio 輸出訊息跟顯示 print 的地方。

 不同輸出要切換左下方的 tab，例如「build」或「run」可以看到相應階段的 message，如果要看 print 則是要切換到「Logcat」。

6. ToolBar（圖 1-2-6），介紹幾個常用的按鈕：

▲圖 1-2-6

(1)run (^R)。

(2)debug run(^D)。

(3)要跑這顆按鈕才會在中斷點停下來。

> ⚠ 不像 Xcode 執行跟除錯是同一顆按鈕，如果下了中斷點但發現程式沒有停下來，記得來這邊看一看。

(3)AVD。

下載模擬器。

(4)SDK。

下載 Android OS。

7. 編輯區，打 code 或拉畫面的地方。

8. 顯示目前所在的 function。

LESSON 02 執行專案

▌跟世界打聲招呼

為了我們軟體界偉大的傳統，學一個語言一開始一定要寫 Hello World，所以我們寫了第一行程式加在 onCreate 裡面：

```
Log.d("MarkFly","Hello World");
```

Android 的 Log 有分 v,d,i,w,e，分別對應 Verbose,Debug,Info,Warn,Error，看 log 的時候也可以根據這些類型篩選。

 个像 iOS 直接使用 print，若沒有看到 log，檢查看看是不是類型選錯了。

然後我們按下 ^R。

1. 會發現空空如也，按下 Create New Virtual Device（如圖 2-1-1 所示）：

▲圖 2-1-1

2. 一開始是沒有任何 Emulator 的，必須自行下載（如圖 2-1-2 所示）：

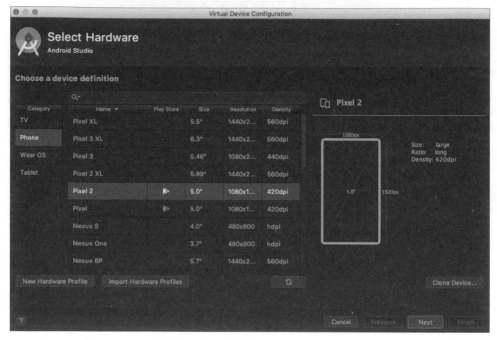

▲圖 2-1-2

 不像 Xcode，安裝完就一併安裝 Simulator 了，這也是爲什麼 Xcode 需要這麼大安裝空間的原因之一。所以記得要跑 Android 模擬器要事先準備。

3. 選擇對應的 OS 版本，這邊也是要按 Download 自己下載（如圖 2-1-3 所示）：

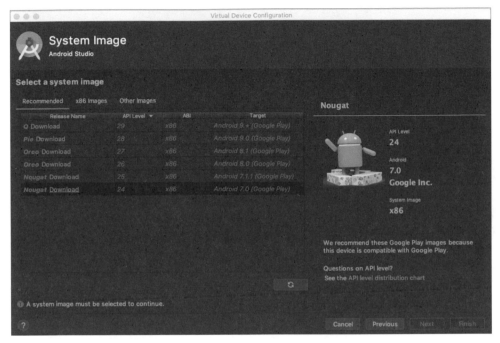

▲圖 2-1-3

4. Android Virtual Device 有裝置了（如圖 2-1-4 所示）：

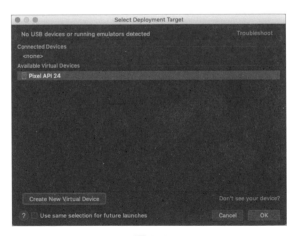

▲圖 2-1-4

5. 如果出現圖 2-1-5，目前是還沒有用到，可以先不裝：

▲圖 2-1-5

6. App 跑完後，切到 Logcat，filter 選擇 Debug，可以看到我們與世界建立了連結♥
   （如圖 2-1-6 所示）：

▲圖 2-1-6

▌在實機上試試看

1. 手機要先開啟「開發者選項」（圖 2-2-1），每家廠牌都不一樣，需要 Google 一下：

▲圖 2-2-1

2. 在開發者選項裡面開啟 USB 偵錯（如圖 2-2-2 所示）：

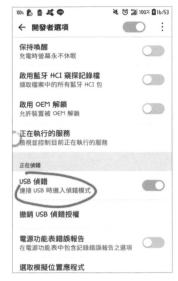

▲圖 2-2-2

3. 連接電腦手機上會出現配對（如圖 2-2-3 所示）：

▲圖 2-2-3

4. 理論上就可以看到你的手機了（如圖 2-2-4 所示）：

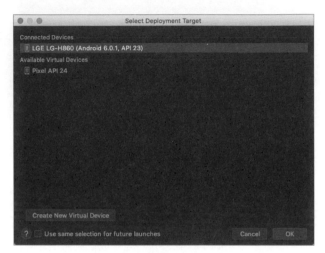

▲圖 2-2-4

5. 如果不行的話你一定是跟我一樣線有問題＝＝，害我搞了一下午（如果第三步沒有出現配對的話，趕快交叉測試你的線）。

6. 另外下面是我網路上看到的解法，我是沒用到，但可以參考看看

(1)SDK Manager 下載手機的 Android 版本

(2)[手機] 系統設定 -> Storage -> 右上角選單按鈕 -> USB Computer connection -> 選 PTP

(3)[Android Studio]Tools -> Android -> Enable ADB Service

(4)在 Get OEM drivers 找到符合自己手機的部分 , 連結至相關網站並安裝

專案設定

▌AndroidManifest 跟 Gradle

如果要做一些專案的常見設定，Android Studio 的話會有兩個地方：首先是 AndroidManifest，我會認為他跟以前的 Xcode 專案檔（.xcodeprjo）比較像，再來是 Gradle，我會覺得他跟 podfile 比較像，因為套件依賴都寫在這裡。

 以前 Xcode 是同一集中在一個地方做這些設定。

1. AndroidManifest（如圖 3-1-1 所示）：

▲圖 3-1-1

(1)在這個檔案裡的常用設定有：

- Display name

- icon

- rootViewController

- privacy

(2)所有的 Activity 都會出現在這個檔案裡（可以把 Activity 想成 ViewController）。

(3)關於 action.MAIN 跟 category.LAUNCHER 兩個屬性：

- 這兩個屬性是一起的，少了任何一個就會報錯 Error running 'app': Default Activity not found。

- 就 算 我 另 外 加 一 個 Activity，一 個 設 為 action.MAIN，一 個 category. LAUNCHER，一樣不行。

- 如果有多個 Activity 同時設定這兩個屬性，Android Studio 會抓第一個。

2. Gradle（如圖 3-1-2 所示）：

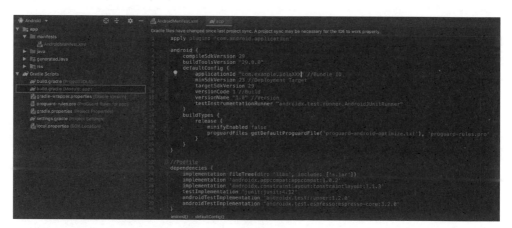

▲圖 3-1-2

(1)在這個檔案裡的常用設定有：

- Bundle ID

- Version

- Build

- Deployment Target

- Pods

(2)如果 Gradle 有任何修改之後都要按一下右上角的 Sync。

icon

1. 首先你要先準備好各種尺寸的圖，可以請設計師切給你，或使用網路上的服務。

2. Andriod 有分一般的 icon 跟圓的 icon，所以你兩種都要準備，不然在一些機型可能就會顯示如圖 3-2-1 的預設 icon 了。

▲ 圖 3-2-1

 iOS 的 icon 只有一種形狀。另外，Android 的 icon 是可以透明的，所以你要做一個三角形的 icon 也可以。

3. icon 的路徑是：app>src>main>res，看是要用 Finder 去取代圖片，還是在 Android Studio 裡面改成 Project 結構後再取代也叫以。

4. ^R 之後就可以看到已經變新的 icon 了（Android 不一定安裝後會自動新增到桌面，要看機型）。

多 Target

1. 類似的東西在 Android Studio 裡面叫做 module。

2. 先在 app 資料夾上按右鍵 new 一個 module。

3. module 類型就選 Android Library（不然他會叫你建立 Activity）。

4. 接著在「app」這個 Gradle 裡面做一些配置，請參考圖 3-3-1 與以下說明：

▲圖 3-3-1

(1)增加一個參數 flavorDimensions，值給什麼都沒關係，如圖給個空字串也可以。

(2)然後設定 productFlavors，裡面說明有幾個 module，跟相關的設定，applicationId 以這邊的設定為準，也可以在這邊設定一些 buildConfigField。

- 格式如圖：型別 , 常數名 , 值。
- 之後在程式裡就可以用 BuildConfig.foo 取到這常數，去做一些邏輯判斷。
- 如果值是字串，要在加上跳脫符號，如 "" 我是字串 ""。

5. 然後在依賴裡面加入 module，格式就是：變數 +Implementation，如 v1Implementation，後面給 module name，這樣他才會去抓 module 裡面的 icon 或是 Display name。

6. 這邊說明一下，以前我們都會把文案寫成 define，這個部分 Android Studio 有幫我們做管理，例如 Display name 會寫在 res>values>string.xml 檔裡面。

 這也是 Android Studio 統一管理的特色之一，相較 Xcode 是滿大的不同之處：開發者不必再花時間去了解其他人的做法。

7. 所以如果我們要做到每個 module 有不同的 Display name，就要先把 app 這個 module 裡的設定刪掉，不然還是會吃到舊的 Display name。

8. 最後我們如果要執行不同 module 的話，先在左下角點 Build Variants，然後在 app 裡面切換 v1 或 v2 的 Debug（Release 的話因為還沒簽名，所以目前還不能選）。

9. 這時 ^R 的話就會看到不同的 Display name 了。

10. 另外說明一下怎麼移除 module，是不能用一般的方法刪除的，必須到 project Structure（找不到的話可以按兩下 shift 搜尋）裡才能 remove。

Activity 簡介

跟著 iOS Developer 一起學寫 Android App

Activity 是什麼

Android 有傳說中的四大元件。Activity 是四大元件之首（其他三個是 Service、BroadCastReceiver、ContentProvider），負責作為畫面顯示的單位，一個 Activity 就是一個畫面。

 是的，就跟 UIViewController 如出一轍，接下來會介紹更多相似之處。

好，首先，讓我們先來產生一個新的 Activity，作法跟以前 Xcode 一樣，在資料夾上面右鍵 new 一個出來，但是它藏得有點深（如圖 4-1-1 所示）：

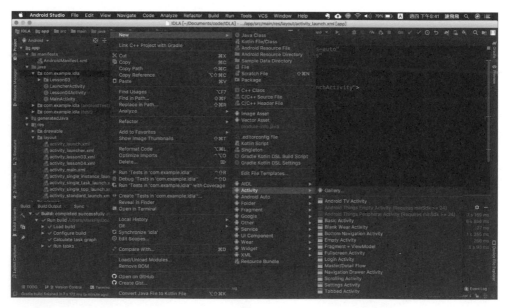

▲圖 4-1-1

這邊就可以用到Android Studio一個很方便萬用的熱鍵：Shift兩次會出現圖4-1-2：

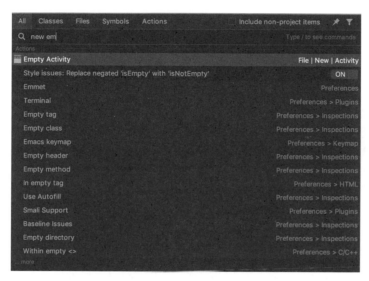

▲圖 4-1-2

就可以很快速的做到想做的動作。

另外，每個 Activity 都會先繼承原生的 AppCompatActivity，所以要繼承客製類別的話要自己再動手改。

 不像 Xcode 在 new 一個 ViewController 時可以選擇父類別。

▌生命週期

可以把生命週期想像成人的一生，有生、老、病、死等等固定的階段。Activity也有生命週期，會在特定的階段，呼叫不同的函數，讓我們可以在適當的時機執行相應的程式。

ViewController 一樣也有生命週期。

以下整理了 ViewController 跟 Activity 生命週期的對照表：

ViewController	Activity
viewDidLoad	onCreate
willEnterForeground	onRestart
viewWillAppear, didBecomeActive	onStart
viewDidAppear	onResume
viewWillDisappear, willResignActive	onPause
viewDidDisappear, didEnterBackground	onStop
dealloc	onDestroy

 上表中可以看到，ViewController 跟 Activity 幾乎是一一對應，除了一點很大的不同：
Android App 在切換前後景時，也會觸發 Activity 的生命週期。

在 code 裡面也有實作了（如圖 4-2-1 所示），大家可以執行看看。

```java
    @Override
    protected void onCreate(Bundle savedInstanceState) {
        super.onCreate(savedInstanceState);
        setContentView(R.layout.activity_lesson03);
        Log.i( tag: "MarkFly", msg: this.getLocalClassName() + " -> create -> 我出生了");

    }


    @Override
    protected void onStart() {
        super.onStart();
        Log.i( tag: "MarkFly", msg: this.getLocalClassName() + " -> start -> 我開始了");
    }

    @Override
    protected void onResume() {
        super.onResume();
        Log.i( tag: "MarkFly", msg: this.getLocalClassName() + " -> resume -> 我復活了");
    }

    @Override
    protected void onPause() {
        super.onPause();
        Log.i( tag: "MarkFly", msg: this.getLocalClassName() + " -> pause -> 我暫停了");
    }

    @Override
    protected void onStop() {
        super.onStop();
        Log.i( tag: "MarkFly", msg: this.getLocalClassName() + " -> stop -> 我停止了");
    }

    @Override
    protected void onRestart() {
        super.onRestart();
        Log.i( tag: "MarkFly", msg: this.getLocalClassName() + " -> restart -> 我又開始了");
    }

    @Override
    protected void onDestroy() {
        super.onDestroy();
        Log.i( tag: "MarkFly", msg: this.getLocalClassName() + " -> destroy -> 我死亡了");
    }
```

▲圖 4-2-1

最後，若想了解詳細的生命週期循環，可以參考官方的這張圖片（如圖 4-2-2 所示）：

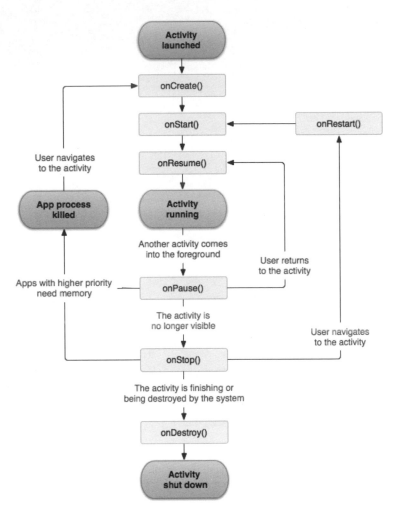

▲圖 4-2-2　A simplified illustration of the activity lifecycle.

※出處：https://developer.android.com/guide/components/activities/activity-lifecycle

▌切換另一個 Activity

在 Android，如果我們想要從一個 Activity 切換到另一個 Activity，通常我們會透過 Intent。有點像是 presentViewController 的感覺，只是我們的傳遞的東西從 viewController 換成 intent。

 Android 似乎不像 iOS 一樣有 container view controller 的概念去管理 view controller 間的切換。

另外，Intent 有個好處是，可以協助 Activity 間數據的傳遞，以前我們可能需要在接受的 VC 上開屬性，或是新增 initWithXXX 方法，透過 Intent 就簡單多了。

例如，我們有兩個 Activity，一個叫 Lesson03Activity，想跳到另一個 StandardLaunchActivity，我們可以這樣寫：

1. new 一個 Intent 出來，把所在地跟目的地傳給它

```
Intent intent = new Intent(Lesson03Activity.this,StandardLaunchActivity.
class);
```

2. 可以放入你想傳的東西

```
intent.putExtra("title",btnStandard.getText());
```

3. 用 startActivity 來換頁

```
startActivity(intent);
```

4. 另一邊就可以把人家給的東西秀出來

```
this.setTitle(getIntent().getStringExtra("title"));
```

PS. getExtra 不同型別要用不同的方法（如圖 4-3-1 所示）：

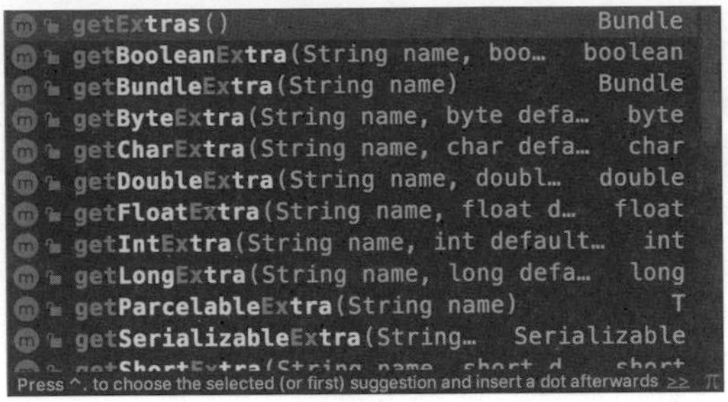

▲圖 4-3-1

Activity 啟動模式

在 Android，若有多個 Activity 時，會放在一個叫做 Task 的 Stack 結構裡。而啟動模式，它是 Activity 的屬性，在 AndroidManifest 設定後，可以指定切換 Activity 時的四種行為。簡單定義如下：

1. Standard：預設值，不管怎樣都一定產生一個新的 Activity 出來。

2. Single Top：如果要去的 Activity 已經在 Task 的 Top（就是 Current Activity）的話，就直接拿來用，不然的話才 new。

   適用情境：像是點推播要跳的 Activity 剛好就是現在在用的 Activity，就不用再蓋一個一樣的 Activity 上去（因為這樣按 back 之後還是自己，很奇怪）。

3. Single Task：不管怎樣該 Task 只有一個 Activity，如果 Task 已存在就 pop 回去，中間的 Activity 就都出棧。

 有點像 popToRootViewController 的感覺。

4. Single Instance：比照 Single Task，有就 pop，沒有才 new，但會 new 在另一條 Task，適用情境像是 App 間啟動的 Activity。

 以前如果我們 present 或 push viewController，一定是 new 一個新的出來。

另外，除了在 AndroidManifest 中設定，也可以在 startActivity 傳入想要啟動模式：

- FLAG_ACTIVITY_NEW_TASK = Single Task
- FLAG_ACTIVITY_SINGLE_TOP = Single Top

接下來會藉由實作來呈現不同的效果。四種按鈕會對應四種不同的啟動模式，畫面會顯示 Activity 跟 Task，藉此得知有沒有 new 出新的 Activity。若想了解程式碼如何撰寫，可以去看看 Lesson03Activity 這個檔案。

- 如圖 5-1-1 有四種模式：

▲圖 5-1-1

● 第一種模式的 Activity 記憶體位置是 8676d34（如圖 5-1-2 所示）：

▲圖 5-1-2

● 點了之後又 new 一個新的 Activity 出來，記憶體位置為 ceb8630（如圖 5-1-3 所示）：

▲圖 5-1-3

- 第二種模式，自己已在最上面了，所以再按按鈕還是停在這頁（如圖 5-1-4 所示）：

▲圖 5-1-4

- 第三種模式（圖 5-1-5），如果自己不是第一個 Activity，就回到第一個 Activity：

▲圖 5-1-5

- 所以點了會到這一頁（如圖 5-1-6 所示）：

▲圖 5-1-6

- 第四種模式，點了會開一條新的 Task，原本是 183，現在是 184（如圖 5-1-7 所示）：

▲圖 5-1-7

M·E·M·O

02
| Part |

排版篇

LESSON 06

如何製作畫面

今天來跟各位介紹一下 App 工程師最重要的部分，也就是 UI，俗稱的刻畫面。也就是我們工程師根據設計師提供的畫面，完成想要呈現給 User 的樣子。

不管是 iOS 的 AutoLayout、ReactNative 的 Flexbox 或是等等要介紹的 Android，都有各自的 layout 系統。透過 layout，我們就可以讓每個東西照我們的意思出現在我們想要它們出現的地方（好饒口的一句話）。

本篇會分成幾個部分，先做一些基本的介紹，然後會有傳統的五大佈局範例，最後最講到跟 Auto Layout 很像的 ConstraintLayout。

其實畫面這塊，在以前 iOS 一直是一個引戰的好話題。不論是 coding layout > xib > storyboard 的鄙視鏈，或是 frame vs Autoresize vs AutoLayout 的孰優孰劣。相互的分析與討論總是沒停過。這種情況，在 Android 似乎有一統天下的味道。

在我們要新建一個 Activity 的時候，Android Studio 就會問我們是否要一併產生畫面檔（如圖 6-1-1）：

 這點跟新建 ViewController 時，Xcode 問我們要不要產生 xib 是一樣的。

▲圖 6-1-1

若我們產生了畫面檔後，Android Studio 會很貼心的幫我們放到固定的目錄下面（如圖 6-1-2）：

▲圖 6-1-2

Xcode 如果有勾要 xib 的話，會跟程式碼放在同一個目錄下。

Xcode 在找的時候會很好找，透過上方的路徑列就可以快速切換了。但 Android Studio 把它們分家的話就無法用這招了。還好 Android Studio 有想到這點，在程式檔的部分，行號會有一個按鈕可以快速連結到對應的畫面檔（如圖 6-1-3 的第 8 行）：

```java
package com.example.idla.Lesson04;

import android.os.Bundle;
import android.widget.TextView;

import com.example.idla.R;

public class ConstraintLayoutActivity extends com.example.idla.BaseActivity {

    @Override
    protected void onCreate(Bundle savedInstanceState) {
        super.onCreate(savedInstanceState);
        setContentView(R.layout.activity_constraint_layout);

        TextView textView = findViewById(R.id.textView11);

    }
}
```

▲圖 6-1-3

操作介面

打開畫面檔後，我們可以看到如圖 6-2-1 的版面配置：

▲圖 6-2-1

　　基本上跟 Xcode 差不多，左上元件區、左下元件樹、右邊屬性區，中間就是畫布（可以設定是否顯示右邊的藍圖）。

 左下角落區塊可以切換 Design 模式或是 Text 模式。

選擇 Text 模式可以看到滿滿的 XML code（如圖 6-2-2）。

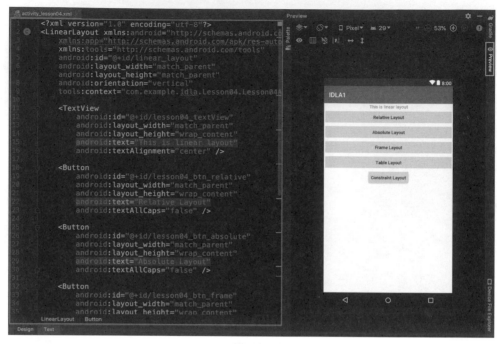

▲圖 6-2-2

 雖然平平都是 XML，但比起 story board，人家的 XML 是給人類看的啊！

　　筆者認爲這就是爲什麼 Android 畫面流派比較不會被抗議的原因，因爲這樣的 XML 在 git 上，不管是獨立開發時的看不出 diff，或是多人開發時 merge 可能會衝突，以前在 Xcode 爲人詬病的原因都消失了。

　　而且點了 Preview，又可以一邊打 code 一邊 WYSIWYG（所見即所得）：在 Design 模式拉的畫面也會自動產生 XML，這不就能做到 SwiftUI 的部分主打功能嗎。

▌畫面與程式的連結

1. 在每個有畫面檔的 onCreate 裡面都會都下面這句，代表這個 Activity 是讀哪個 layout file：

```
setContentView(R.layout.activity_lesson04);
```

2. Android 所有的元件都可以給予 id，接著在 code 裡面：

```
buttonR = findViewById(R.id.lesson04_btn_relative);//R 就是 Resouce 的意思
```

就可以得到你在畫面裡拉的東西了。（若是使用 Kotlin，則更為方便，直接以 id 就可取用物件，不需宣告）

 以前如果畫面是用拉的，那麼畫面跟程式的連結也要用拉的（IBOutlet）。

L E S S O N
07

Layout

▎傳統 **ViewGroup** 簡介

所有的 layout file 一開始都會幫你預設一個 ViewGroup，ViewGroup 有很多種，而現在主要在推的 ConstraintLayout 就是其中一種。

 ViewGroup 感覺就像以前每個 VeiwController 都會有個 self.view 一樣。

不過 ConstraintLayout 有點複雜，如果是簡單的畫面，用傳統的佈局方法也是很好用的。

例如以下幾種：

1. Linear Layout

 跟 StackView 很像，但比較功能上比較單純。

2. Relative Layout

 基本上概念也是跟 AutoLayout 一樣，都是運用相對的概念，但也是比較陽春的版本。

3. Absolute Layout

 與以前的 frame 定位系統一樣，運用到 XY 座標的概念。

4. Frame Layout

 注意喔，這並不是我們的 frame（如第三點提到的，frame 的概念是對應到 Absolute Layout），Frame Layout 可以用在 View 的重疊上，它主要情境是用在 Fragment 上。

5. Table Layout

 雖然名字有個 Table，但它跟 TableView 沒有任何關係（笑）。而是像我們一般 Word 或 Web 上常看到的二維表格。

▍傳統 ViewGroup 實作

Linear Layout

▲圖 7-2-1

1. 一 開 始 Android Studio 都 會 把 ViewGroup 預 設 成 Constraint Layout， 我 會 切 到 Text， 直 接 把 androidx.constraintlayout.widget.ConstraintLayout 改 成 LinearLayout，比較快。

2. 跟 StackView 一樣有分垂直或水平，這是一個 vertical 的 LinearLayout。

3. Android 元件的長寬都可不給定數值，直接設定為 match_parent 或 wrap_content。 match_parent 的意思就是長寬跟 SuperView 一樣（如圖 7-2-1 的上面四顆按鈕）； wrap_content 的意思就是長寬根據內容決定（如圖 7-2-1 的最後一顆按鈕）。

4. 像最後一顆按鈕，如果是寬度是 wrap_content，就可以用 layout_gravity 屬性決 定置左 / 中 / 右（gravity 屬性則是決定 textView 的垂直對齊，不要搞混了～）。

5. ViewGroup 裡面可以再包 ViewGroup， 如圖 7-2-1 的黃綠紅方塊就是一個 horizontal 的 LinearLayout。

6. layout_weight 屬性可以決定元件間的比重，如圖 7-2-1 的黃綠紅三個 textView 我 設比重都是 1，這時就會無視 layout_width 的設定。

7. 也可以用 code 寫 java 加入元件，如下程式碼：

```
LinearLayout linearLayout = findViewById(R.id.linear_layout);
Button button = new Button(this);
button.setText("new button by code");
LinearLayout.LayoutParams layoutParams = new LinearLayout.LayoutParams(
ViewGroup.LayoutParams.WRAP_CONTENT, ViewGroup.LayoutParams.WRAP_CONTENT);
layoutParams.gravity = Gravity.CENTER_HORIZONTAL; button.setLayoutParams(
layoutParams);
linearLayout.addView(button);
```

Relative Layout

▲圖 7-2-2

　　概念跟以前一樣：跟上層 View 或同層 View 的上下左右距離。請對照圖 7-2-2
與以下 XML 跟註解：

```
<Button
android:id="@+id/relative_layout_button" android:layout_width=
"wrap_content" android:layout_height="wrap_content" android:text="Button"/>
// 按鈕二在按鈕一的右邊
<Button
android:id="@+id/relative_layout_button2"
android:layout_width="wrap_content"
android:layout_height="wrap_content"
android:text="Button"
android:layout_toRightOf="@id/relative_layout_button"/>
```

```
// 按鈕三在按鈕二的下面，也在按鈕一的右邊
// 對齊父層下方
<Button
android:id="@+id/relative_layout_button3"
android:layout_width="wrap_content"
android:layout_height="wrap_content"
android:text="Button"
android:layout_below="@id/relative_layout_button2"
android:layout_toRightOf="@id/relative_layout_button"
android:layout_alignParentBottom="true"
android:layout_marginBottom="10dp"/>
// 按鈕四在按鈕三的右邊，也在按鈕二的下面
// 對齊父層右方
<Button
android:id="@+id/relative_layout_button4"
android:layout_width="wrap_content"
android:layout_height="wrap_content"
android:text="Button"
android:layout_toRightOf="@id/relative_layout_button3"
android:layout_below="@id/relative_layout_button2"
android:layout_alignParentRight="true"
android:layout_marginRight="10dp"/>
```

Absolute Layout

　　根據官方文件（如圖 7-2-3）指出，此 ViewGroup 從 API level3 開始就已棄用了，請改用 Frame Layout 或 Relative Layout，故筆者也不多做篇幅介紹。

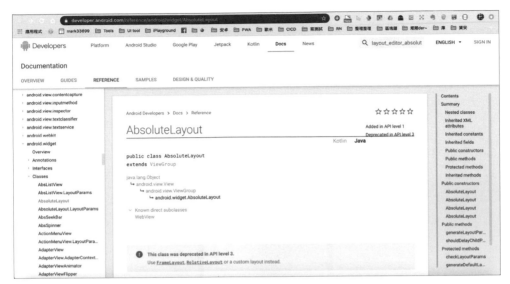

▲圖 7-2-3

Frame Layout

▲圖 7-2-4

筆者先在 Frame Layout 上放一個滿版（寬跟高都是 match_parent）的圖片，接著一樣再放個滿版的透明按鈕，就可以看到如圖 7-2-4 的效果：按鈕疊在圖片上了。

Table Layout

▲圖 7-2-5

1. Table Layout 裡面必須用 TableRow 這東西去包，就想成是直的 Linear 包橫的 Linear。

2. Table Layout 有以下屬性：

(1)Android：shrinkColumns 那一欄是否會自動換行，不加的話字太多可能會擠到別欄無法出現（如 R2C1）。

(2)Android：collapseColumns 可以把整欄都隱藏（如 C2 整欄不見）。

(3)Android：stretchColumns 決定剛剛隱藏的空間給哪一欄。

3. 另外還有以下特性：

(1)同一欄會等寬。

(2)R1C3 是因為有設定屬性 layout_span=2，代表佔了兩格。

(3)只有第三列是四欄，但這個表格就是 3*4 了。

ConstraintLayout

大家都說 ConstraintLayout 真是棒！

為什麼呢？

主要看到的論述都是可以讓 layuot 更扁平化，進而提高效能，再來就是可以把它視為 RelativeLayout 的加強版，功能更多、更靈活、更方便。

▌介面講解

如果使用 ConstraintLayout 的話，介面會多了如圖 8-1-1 紅框的這兩個地方：

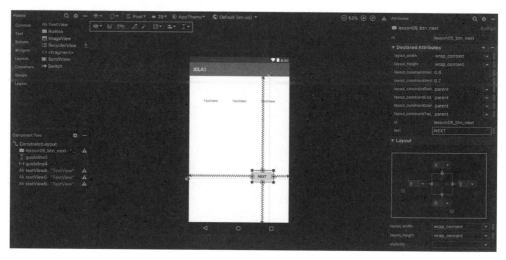

▲圖 8-1-1

1. 先依序介紹上面那排工具列的每個按鈕：

(1)決定畫布上要看到哪些東西（如圖 8-1-2）：

▲圖 8-1-2

(2)加入新的元件時，是否自動添加約束。

(3)預設邊距。

(4)清除所有約束。

(5)點一下，就將畫面上所有元件補上缺少的約束延伸元件的寬或高（選中元件時才可用）。

(6)垂直或水平置中（一樣是選中元件時才可用），有分兩種，先看作用前會如圖 8-1-3：

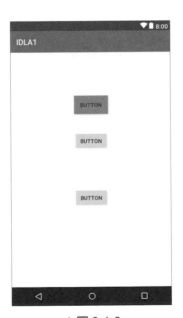

▲圖 8-1-3

若選第一種：垂直置中，可以看到圖 8-1-4 的藍色按鈕，置中於上方邊界與第一個灰色按鈕之間：

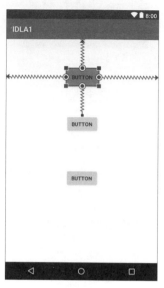

▲圖 8-1-4

若選第二種：垂直置中父視圖，可以看到圖 8-1-5 的藍色按鈕，置中於上方邊界與下方邊界之間：

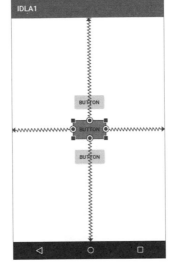

▲圖 8-1-5

(7)加入輔助功能（如圖 8-1-6）：

▲圖 8-1-6

2. 再來介紹右邊的 layout 框：

(1)決定元件尺寸

框框內可以看到 >>>>>，就代表是昨天提到的 wrap_content；如果點一下
>>>>> 的圖案會變成 |---|，就代表固定數值大小；如果再點一下又會變成
|||，就代表根據約束決定大小（就是長寬設為 0dp）。

(2)決定元件位置

可以看到對上下左右的距離。另外看到橫軸跟縱軸可以調整 Bias，代表位置所
在的比例。

就像以前 AutoLayout 的 Multiplier。

開始添加約束吧

有兩種方法：

1. 從畫布上元件四邊的圓點，拉線到想參考的其他元件（如圖 8-2-1）：

▲圖 8-2-1

2. 或是從右邊 layout 屬性，直接點四邊的加號（如圖 8-2-2）：

▲圖 8-2-2

刪除約束的方法

1. 刪除畫面上所有的約束：點工具列上面的第 4 個按鈕。

2. 刪除某 / 多個元件上的所有約束：右鍵 >clear Constraint of selection。

3. 刪除某一條約束：從右邊 layout 框的上下左右圓點，點一下就刪除（如圖 8-3-1）；
   或是從 XML 去刪。

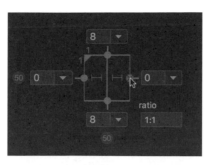

▲圖 8-3-1

▌對齊

如果想要 B 元件要對齊 A 元件的水平中心,必須 B 的 Start 對 A 的 Start 且 B 的 End 對 A 的 End(如圖 8-4-1 紅圈處)。

 Xcode 只要直接 B 右鍵拉線到 A 上面放開,就有選項可以選了。

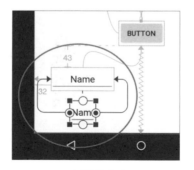

▲圖 8-4-1

如果照 Android 這種設法的話,iOS 會變成等寬,所以思路要改變一下。(如果 width=0dp 的話,Android 也會變成等寬)。

另外還有一種對齊情境,B 的 Start 跟 End 都對 A 的 End,就可以做到 B 的中心 對準 A 的邊界。

Ratios

只要點了左上角的三角型，就會可以固定長寬比了，右下角就可以輸入比例（如圖 8-5-1 紅圈處）。

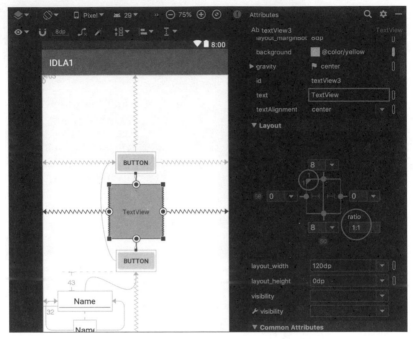

▲圖 8-5-1

ConstraintLayout（續）

上一章節我們介紹了一些 ConstraintLayout 的基本常見使用情境，今天我們繼續介紹一些 ConstraintLayout 的其他功能。

▌輔助工具

1. Guideline：可以隨意拉出多條垂直或水平的 Guideline（可以固定距離或依比例），做為約束參考之用，可以想成拍照時的輔助線，如圖 9-1-1 紅框處：

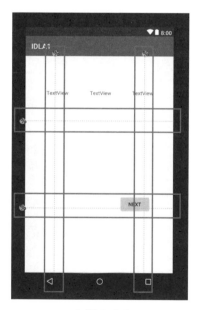

▲圖 9-1-1

> ⚠️ 不用再像以前一樣，自己做透明的線了～

2. Group：加入後，畫布看不到，但左下元件樹會多個 Group，可以把元件拉到這個 Group 下，之後就可以對這個 Group 做設定。例如設成 invisble 的話，就會多個元件一起 invisble。

Chain

就是把多個元件水平或垂直串起來後，可以快速改變 Chain 的類型。是個非常方便的功能。

 有點類似 StackView 的感覺，不用再一個一個元件設定了～

要把多個元件鏈結起來的方法也很簡單，先用 多選元件，然後右鍵 >Chains> 水平或垂直，就可以了。

鏈完之後，隨便一個元件上按右鍵 >Cycle Chain mode，就可以改變 Chain 的類型了。

Chain 有以下類型（如圖 9-2-1）：

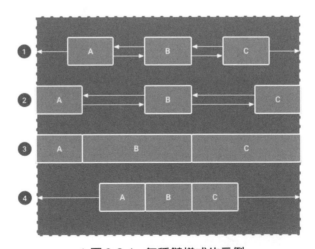

▲圖 9-2-1　每種鏈樣式的示例

※出處：https://developer.android.com/training/constraint-layout

1. Spread：平均分佈。

2. Spread inside：去頭尾後平均分佈。

3. Weighted：根 據 比 重 填 滿 全 部（先 把 width 改 成 0dp，然 後 用 app:layout_constraintHorizontal_weight 去設比重）

4. Packed：靠緊置中。

gone

1. Android 在控制元件的顯示上，是用 android:visibility 這個屬性，不是只有 visible/invisible 而已，還有一個 gone。

   gone 就是不顯示了，而且位置也被其他元件替補了；而 invisible 是不顯示而且位置還留著。

 iOS 的 isHidden 就只有 true 跟 false 而已。

2. ConstraintLayout 有個 goneMargin 系列的屬性～就是參考的對象 gone 了，要留多少邊距。請看以下示範：

   (1)還沒 gone 之前，左邊按鈕跟右邊按鈕距離 42（如圖 9-3-1）：

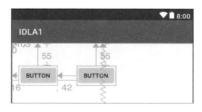

▲圖 9-3-1

(2)如果左邊 gone 了之後，右邊按鈕就離邊界 42（如圖 9-3-2）：

▲圖 9-3-2

(3)但若有設定 layout_goneMarginStart="16dp"，雖然原本間距是 42，但此時距離邊界就會變成 16（如圖 9-3-3）：

▲圖 9-3-3

Baseline

就是文字的底線（元件上右鍵 >shpw baseline），可以讓你的文字對齊其他元件的文字底線，如圖 9-4-1 綠色文字的底線對齊藍色文字的底線。

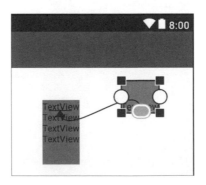

▲圖 9-4-1

CircleAngle

可以直接設定 B 元件在 A 元件的幾度角，如圖 9-5-1。

 AutoLayout 無法直接用角度去設定。

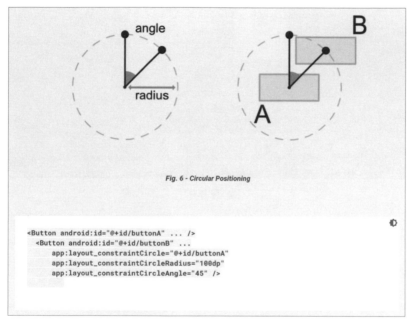

▲圖 9-5-1　Circular Positioning

※出處：https://developer.android.com/reference/android/support/constraint/ConstraintLayout.
html#CircularPositioning

閃退

筆者曾遇到一個情況：已經設定高度跟比例了，就在 XML 裡把寬度刪掉，結果
build 得過但卻閃退。

所以還是要看一下畫布區右上角有沒有紅色驚嘆號（圖9-6-1）：

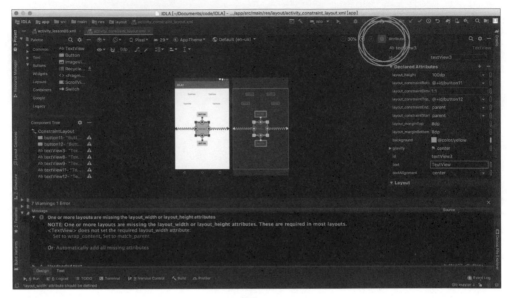

▲圖 9-6-1

03
| Part |

元件篇

LESSON 10 TextView & EditText

本章是元件篇的第一個章節，會跟讀者介紹一些常用的元件，每一章都會提供範例，基本上都會介紹各元件的對照表、繼承關係跟屬性，讓大家可以很快速的了解相關用法。

本章會介紹兩個範例 TextView 跟 EditView（如表 10-1-1），這兩個範例在以前 iOS 的時候都不是這麼容易做到，不過在 Android 只要透過屬性的設定即可完成。

第一個是 TextView 在字數不足時，可以變成跑馬燈，如圖 10-1-1 的字數太多，超過元件寬度，若是啓用跑馬燈效果，文字會持續向左移動，顯示到字串的結尾後，又繼續重新開始，如圖 10-1-2。

第二個是 EditView 可以根據行數自動改變元件的高度，如圖 10-1-3 是原本的高度，一但輸入的行數超過設定的數值就會自動變高，如圖 10-1-4。

對照表

Android	iOS
TextView	UILabel
EditText	UITextField

▲表 10-1-1

▲圖 10-1-1

▲圖 10-1-2

▲圖 10-1-3　　　　　　　　　　▲圖 10-1-4

▋常用屬性與一些說明

1. TextView

　(1)text// 顯示文字

　(2)textSize// 文字大小

　(3)textColor// 文字顏色

 顏色可以直接打 hex，方便多了。

　(4)background// 背景顏色

　(5)textAlignment// 水平對齊

　(6)gravity// 垂直對齊

　(7)android:autoLink = "web"// 自動偵測連結

　(8)ellipsize// 字數不足時的處理方式

　　● start// 點點點出現在左邊

　　● end// 點點點出現在右邊

- middle// 點點點出現在中間

- none// 不出現點點點

- marquee// 可以直接變成水平跑馬燈

(9)要出現跑馬燈效果還要搭配以下屬性（缺一不可）

```
android:focusable="true"
android:focusableInTouchMode="true"
android:marqueeRepeatLimit="marquee_forever"
android:scrollHorizontally="true"
android:singleLine="true"
```

- 一定要用 singleLine="true"，不能用 lines="1"

- 一定要單行，多行跑不了

2. EditText

(1)inputType// 輸入類型

- textPassword

- numberPassword

- number

(2)ems// 如果寬度為 wrap_content，一般來說會跟文字內容一樣寬，而設定 ems 就是固定寬度為：幾個數字 *2 的寬度

(3)maxLength// 設定最多輸入幾個字（中文也是）

(4)editable// 可否編輯，但被棄用了，查網路看到說用 inputType="none"，但我試不 work。另外看到一招但比較麻煩：

```
android:clickable="false"
android:cursorVisible="false"
android:focusable="false"
android:focusableInTouchMode="false"
```

(5)selectAllOnFocus// 一點就全選

(6)hint// 提示文字

 就是 placeholder

(7)在 Android，用 EditText 就可以達到跟 UITextView 一樣的效果了，如下：

```
android:layout_height="wrap_content"
android:inputType="textMultiLine"
android:minLines="3"// 一開始畫面顯示幾行
android:maxLines="5"// 自動長高到幾行
android:gravity="top"
android:scrollbars="vertical"// 設水平的無效
```

 不會分成 UITextField 跟 UITextView 兩個元件

 整理一些 iOS 沒有的屬性：

1. ellipsize 可設成 marquee
2. ems
3. maxLength
4. selectAllOnFocus
5. maxLines

▌繼承關係

1. TextView

java.lang.Object

↳ android.view. View

↳ android.widget.TextView

2. EditView

java.lang.Object

↳ android.view.View

↳ android.widget.TextView

↳ android.widget.EditText

 雖然跟 iOS 一樣都繼承自 UIView，但中間卻沒有一層 UIContrl。

Button & Dialog

本章示範了透過按鈕的點擊，顯示對話框與使用者互動，運用到表 11-1-1 的兩個元件。

▌對照表

Android	iOS
Button	UIButton
Dialog	UIAlertController

▲表 11-1-1

Dialog 可以呈現以下幾種類型：

1. 基本樣式（圖 11-1-1）：

▲圖 11-1-1

2. 清單使用 setItems 加入選項（圖 11-1-2）：

▲圖 11-1-2

3. 單選使用 setSingleChoiceItems 加入選項（圖 11-1-3）：

▲圖 11-1-3

4. 多選使用 setMultiChoiceItems 加入選項（圖 11-1-4）：

▲圖 11-1-4

5. 自定使用 setView 加入欄位（圖 11-1-5）：

▲圖 11-1-5

▌常用屬性與一些説明

1. Button

(1)textAllCaps// 是否所有文字都是大寫字母

 注意！ Android 預設為 true，若想正常顯示小寫，請改為 "false"。

(2)enabled// 是否啓用

(3)onClick// 點了 call 哪個 function

2. Dialog

(1)使用 AlertDialog.Builder 建立。

(2)可以一路 setTitle.setMessage 點下去，滿方便的～

(3)最多只可以三個按鈕，一種一個，分別是：

- 正向 setPositiveButton
- 負向 setNegativeButton
- 中性 setNeutralButton

(4)清單 / 單選 / 多選都不能 setMessage

(5)如果是要做到輸入框，就要自己拉畫面檔，有點麻煩，但相對也比較彈性（用 LayoutInflater 類別的 inflate 方法就可以把 XML 檔轉成 view）

 不像 iOS 有 addTextField 可以用。

 雖然就算 Dialog 只有一個按鈕，但還是可以點灰色背景取消掉，不像 iOS 一定要按。

Dialog 的 show 或 dismiss 會觸發 Activity 的生命週期，但 iOS 的 Alert 不會。

繼承關係

1. Button

   java.lang.Object

   ↳ android.view.View

   ↳ android.widget.TextView

   ↳ android.widget.Button

2. Dialog

   java.lang.Object

   ↳ android.app.Dialog

 Button 繼承自 TextView，應該是可以顯示文字的關係。

實作

以前的 UIAlertView 是用 Delegate，後來改 UIAlertController 用 Block/Closure，而 Android 的 Dialog 除了採用 Closure 以外，還可以利用 Builder 做鏈式寫法，一路點下去就是爽～

```
Dialog dialog = new AlertDialog.Builder(this)
.setTitle("請問！")
.setMessage("現在是白天還是晚上？")
.setPositiveButton("白天", new DialogInterface.OnClickListener(){
@Override
public void onClick(DialogInterface dialogInterface, int i){
Toast.makeText(Lesson06Activity.this,"您選擇的是白天",Toast.LENGTH_LONG).
```

```
show();
                }
            })
.setNegativeButton("晚上", new DialogInterface.OnClickListener(){
@Override
public void onClick(DialogInterface dialogInterface, int i){
Toast.makeText(Lesson06Activity.this,"您選擇的是晚上",Toast.LENGTH_LONG).
show();
                }
            })
.setNeutralButton("我不知道", new DialogInterface.OnClickListener(){
@Override
public void onClick(DialogInterface dialogInterface, int i){
Toast.makeText(Lesson06Activity.this,"那麼我明天再問您一次",Toast.LENGTH_
LONG).show();
                }
            })
.create();
dialog.show();
```

可以看到上面的 code，只有請 AlertDialog.Builder 生一次 dialog，就可
以 .setTitle.setPositiveButton.create.......點下去了，只可惜不能 .create 後面
接 .show。

▌同場加映

Android 原生就有提供一種叫 Toast（是長得像嗎？）的元件，一行 Toast.
makeText(this," 登入成功 ", Toast.LENGTH_LONG).show()，就可搞定通知 user 這件
事，讚啦！

LESSON 12

ImageView & ImagePicker

　　本章節會介紹在 App 裡如何使用 ImageView 顯示圖片（如表 12-1-1），也展示了以下流程讓使用者挑選圖片，是 App 上很常見的一個功能。

▌對照表

Android	iOS
ImageView	UIImageView
Bitmap	UIImage

▲表 12-1-1

1. 一開始顯示畫面如下圖 12-1-1：

▲圖 12-1-1

2. 點擊頭像會顯示 Dialog，詢問使用者想從何種來源取得圖片，如下圖 12-1-2：

▲圖 12-1-2

3. 若選擇「相機」，可看到 Android emulator 真的可以測試拍照，如下圖 12-1-3：

▲圖 12-1-3

4. 模擬的相機甚至鏡頭還可以旋轉（如圖 12-1-4）：

▲圖 12-1-4

5. 若選擇「相簿」，顯示如圖 12-1-5（各家手機廠牌介面不同）：

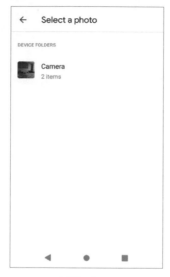

▲圖 12-1-5

6. 若選擇「檔案」，顯示如圖 12-1-6（各家手機廠牌介面不同）：

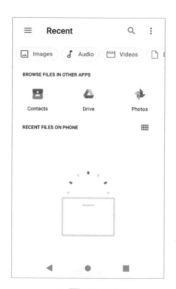

▲圖 12-1-6

7. 挑選完照片後可以顯示在畫面上（如圖 12-1-7）：

▲圖 12-1-7

▎常用屬性與一些説明

1. ImageView

(1)圖片檔名不能用到大寫字母，不然就會 build 不起來。

 iOS 專案不會有這個限制。

(2)scaleType 就像以前的 UIContentMode

- UIViewContentModeScaleToFill = fitXY
- UIViewContentModeScaleAspectFit = fitCenter
- UIViewContentModeScaleAspectFill = centerCrop

(3)如果元件是用拉的，可以選擇一些內建的圖片（如圖 12-2-1），害筆者很興奮，以為有現成的素材可以用，原來只是參考用的，App 跑起來是看不到的（如圖 12-2-2）。

(4)如果要使用專案內事先準備的圖片，是使用 app:srcCompat 這個屬性（android:src 是舊的屬性，無法支援向量圖）。

▲圖 12-2-1

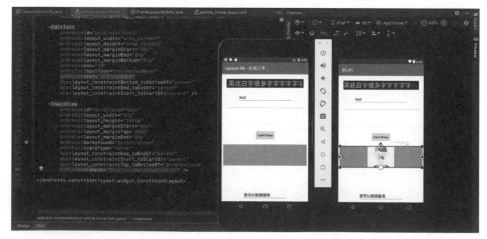

▲圖 12-2-2

繼承關係

1. ImageView

   java.lang.Object

   ↳ android.view.View

   ↳ android.widget.ImageView

實作

1. 先在畫面上拉個 ImageView，然後再上面蓋個透明 Button(background="@androi
   d:color/transparent")

   後來才知道，原來只要是 View，就可以跟用戶交互，直接給它 OnClick 下去就對
   了。

    iOS 的話可能要開 isUserInteractionEnabled，然後添加手勢。

2. 選擇 Dialog 的按鈕之後，根據不同的情況，啓用不同的 Intent。

    iOS 的話是使用 UIImagePickerController。

```java
public void changeAvatar(View view)
{
    Dialog dialog = new AlertDialog.Builder(this)
        .setTitle("請選擇頭像來源")
        .setPositiveButton("相機", new DialogInterface.OnClickListener(){
            @Override
            public void onClick(DialogInterface dialogInterface, int i){
                startActivityForResult(new Intent(MediaStore.ACTION_
IMAGE_CAPTURE),kCameraIntentRequestCode);
            }
```

```
            })
            .setNegativeButton("相簿", new DialogInterface.OnClickListener(){
                @Override
                public void onClick(DialogInterface dialogInterface, int i){
                    Intent intent = new Intent(Intent.ACTION_PICK);
                    intent.setType("image/*"); startActivityForResult(
intent,kAlbumIntentRequestCode);
                }
            })
            .setNeutralButton("檔案", new DialogInterface.
OnClickListener(){
                @Override
                public void onClick(DialogInterface dialogInterface, int i){
                    Intent intent = new Intent(Intent.ACTION_GET_CONTENT);
                    intent.setType("*/*"); startActivityForResult(Intent.
createChooser(intent, "Select Picture"), kFileIntentRequestCode);
                }
            })
            .create();
        dialog.show();
    }
```

3. 只要那些 intent 回來後，就會 call onActivityResult 這個 method，此時我們可以得到兩個 code，resultCode 是用來判斷成功或失敗的；requestCode 是我們當初給它的，用來判斷是誰回來，不同的情況有不同圖片的取法 ...

```
    @Override
    protected void onActivityResult(int requestCode, int resultCode,
@Nullable Intent data)
    {
        super.onActivityResult(requestCode, resultCode, data);
        if (resultCode != Activity.RESULT_OK || data == null)
        {
            return;
        }
        switch (requestCode)
        {
```

```
            case kCameraIntentRequestCode:
            {
                Bitmap bitmap = (Bitmap)data.getExtras().get("data");
                imageView.setImageBitmap(bitmap);
                break;
            }
            case kAlbumIntentRequestCode:
            case kFileIntentRequestCode:
            {
                ContentResolver contentResolver = this.getContentResolver();
                try
                {
                    Bitmap bmp = MediaStore.Images.Media.getBitmap(
contentResolver,data.getData());
                    imageView.setImageBitmap(bmp); imageView.setImageBitmap(
rotateBitmapByDegree(bmp,getBitmapDegree(data.getData().getPath()))));
                }
                catch (FileNotFoundException e)
                {
                    e.printStackTrace();
                }
                catch (IOException e)
                {
                    e.printStackTrace();
                }
                break;
            }
        }
    }
```

4. 有些廠牌的 Android 手機（例如筆者的 LG G5），有可能會出現圖片旋轉的情況（如圖 12-4-1），所以需要取得圖片的 EXIF。

```
private int getBitmapDegree(Intent data){
    int degree = 0;
    try {
        Uri uri = data.getData();
```

```
            InputStream inputStream = getContentResolver().
openInputStream(uri);
            // 從指定路徑下讀取圖片，並獲取其 EXIF 資訊
            ExifInterface exifInterface = new ExifInterface(inputStream);
            // 獲取圖片的旋轉資訊
            int orientation = exifInterface.getAttributeInt(ExifInterface.
TAG_ORIENTATION,-1);
            switch (orientation){
                case ExifInterface.ORIENTATION_ROTATE_90:
                    degree = 90;
                    break;
                case ExifInterface.ORIENTATION_ROTATE_180:
                    degree = 180;
                    break;
                case ExifInterface.ORIENTATION_ROTATE_270:
                    degree = 270;
                    break;
            }
        } catch (IOException e){
            e.printStackTrace();
        }
        return degree;
    }
```

設定圖片時，再根據正確的角度設定上去。

```
imageView.setImageBitmap(rotateBitmapByDegree(bitmap,
getBitmapDegree(data)));
```

最後，import 時，記得要 import 正確的來源，Andorid 常常會錯在這邊。

```
import android.media.ExifInterface; // 錯的
import androidx.exifinterface.media.ExifInterface; // 正確的
```

▲圖 12-4-1

▌補充説明

1. 有的時候我們會勾選，用同一個裝置或模擬器執行（如圖 12-5-1）：

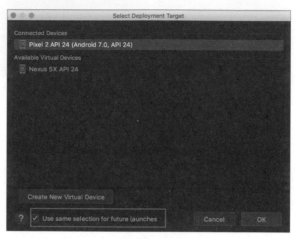

▲圖 12-5-1

2. 但可能後來我們想換別台了，怎麼辦呢？

先在右上角工具列的最左邊選 Edit Config（如圖 12-5-2）：

▲圖 12-5-2

3. 然後就可以把使用相同裝置反勾了（如圖 12-5-3）：

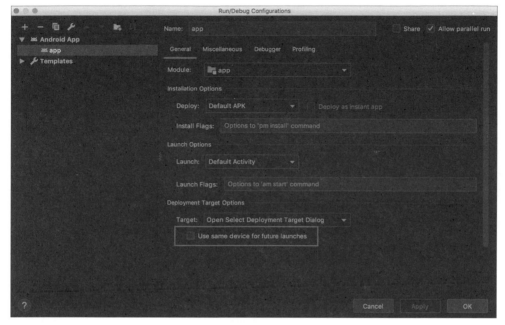

▲圖 12-5-3

LESSON 13

Spinner & DatePickerDialog

以前如果我們想要讓使用者做挑選的動作，通常會使用 UIPickerView，它可以設定多個滾輪，Android 好像比較沒有類似的東西，使用下拉選單（Spinner）也是滿常見的做法，另外若要選擇日期／時間則是使用 DatePickerDialog 跟 TimePickerDialog（如下表）。

▌對照表

Android	iOS
Spinner	UIPickerView
DatePickerDialog / TimePickerDialog	UIDatePicker

本章範例如下介紹：

1. 一開始可以看到前兩個欄位未選擇前是灰色的（如圖 13-1-1）：

▲圖 13-1-1

2. 若點擊第一個欄位會出現如圖 13-1-2 的下拉選單：

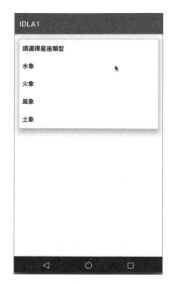

▲圖 13-1-2

3. 選擇後，兩個欄位都會變色（如圖 13-1-3）：

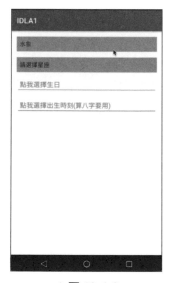

▲圖 13-1-3

4. 若選擇不同類型會有不同顏色（如圖 13-1-4）：

▲圖 13-1-4

5. 接著第二個欄位會出現跟第一個欄位相關的選項（如圖 13-1-5）：

▲圖 13-1-5

6. 若點擊第三個欄位會出現如圖 **13-1-6** 的日曆選擇器：

▲圖 13-1-6

7. 若點擊第四個欄位會出現如圖 **13-1-7** 的時鐘選擇器：

▲圖 13-1-7

8. 所有欄位都選擇後就如圖 13-1-8：

▲圖 13-1-8

常用屬性與一些說明

1. Spinner

(1)spinnerMode// 有 dialog 跟 dropdown 兩種，dropdown 就是下拉選單。

(2)entries// 設定資料，先在 XML 定義好。

```
<string-array name="constellation_type">
    <item>請選擇星座類型</item>
    <item>水象</item>
    <item>火象</item>
    <item>風象</item>
    <item>土象</item>
</string-array>
```

▌繼承關係

java.lang.Object

↳ android.view.View

↳ android.view.ViewGroup

↳ android.widget.AdapterView<android.widget.SpinnerAdapter>

↳ android.widget.AbsSpinner

↳ android.widget.Spinner

java.lang.Object

↳ android.app.Dialog

↳ android.app.AlertDialog

↳ android.app.DatePickerDialog

▌實作

　　基本上沒什麼問題，Spinner 就 setOnItemSelectedListener，EditText 就 setOnClickListener 跟 setOnFocusChangeListener，詳情可以參閱 GitHub 上的程式碼。但是因為我想給下拉選單預設值（就像 placeholder 那樣），不要直接選第一個。

　　結果卡了超久。

　　試了 prompt 跟 onNothingSelected 都無效，基本上查到的資料都是教人家要自己另外寫 SpinnerAdapter（但我就懶），最後想到直接在資料裡面插入第一筆當作預設值就好了（只是很髒）。另外提醒：

1. 一進畫面 EditText 就會被自動 focus，如果不想要的話，就把 layout 先 focus（android:focusableInTouchMode="true"）。

2. 就算在 XML 寫了如下的二維陣列，裡面的那層會變成字串（如圖 13-4-1）

```
<array name="constellation_total">
    <item>
```

```xml
        <array name="constellation_water1">
        <item>雙魚座 (2/19-3/20)</item>
        <item>巨蟹座 (6/22-7/22)</item>
        <item>天蠍座 (10/24-11/22)</item>
        </array>
    </item>
    <item>
        <array name="constellation_fire1">
            <item>牧羊座 (3/21-4/20)</item>
            <item>獅子座 (7/23-8/22)</item>
            <item>射手座 (11/23-12/21)</item>
        </array>
    </item>
    <item>
        <array name="constellation_air1">
            <item>水瓶座 (1/20-2/18)</item>
            <item>雙子座 (5/21-6/21)</item>
            <item>天秤座 (9/23-10/23)</item>
        </array>
    </item>
    <item>
        <array name="constellation_earth1">
            <item>金牛座 (4/21-5/20)</item>
            <item>處女座 (8/23-9/22)</item>
            <item>摩羯座 (12/22-1/20)</item>
        </array>
    </item>
</array>
```

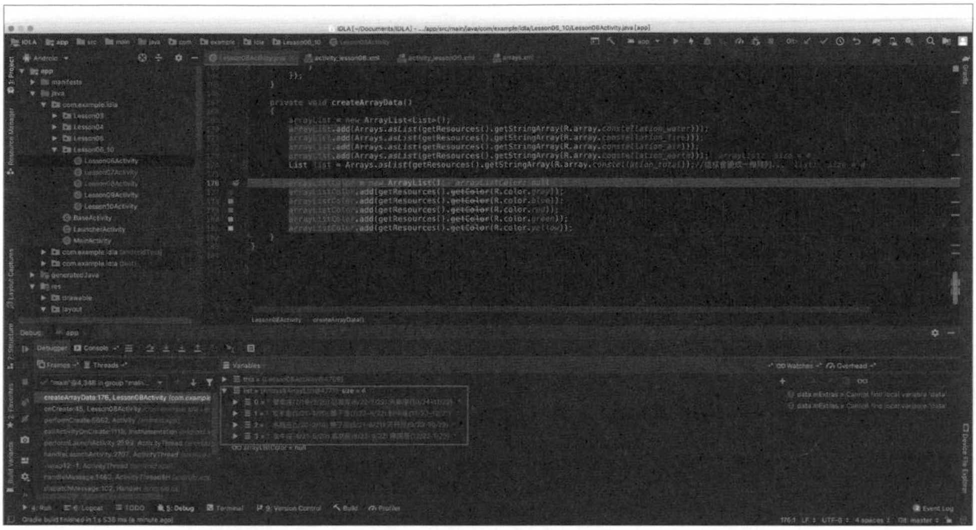
private void createArrayData()
arrayList = new ArrayList<List>();
arrayListColor = new ArrayList();
Variables
Frames
Threads
Watches

▲圖 13-4-1

SeekBar & ProgressBar

本章介紹了滑桿元件 SeekBar 與進度元件 ProgressBar（如下表）。其中 SeekBar 是用在讓使用者利用滑桿設定數值的情境；而 ProgressBar 則是顯示進度給使用者知道。

▌對照表

Android	iOS
SeekBar	UISilder
ProgressBar	UIActivityIndicatorView

範例如圖 14-1-1，上面兩條細的是 SeekBar，分為有刻度跟沒刻度的；第三條粗的跟中間的圈圈都是 ProgressBar，只是不同類型。詳情可以見屬性說明一節。

▲圖 14-1-1

▍常用屬性與一些說明

1. ProgressBar

有分兩種：一種真的是 bar；一種則是 Loding 的轉圈圈 // 根據 style 屬性決定。

(1)progressBarStyleHorizontal（真的是一條 bar）

又有分兩種：一種是會有動畫一直跑的；一種是可以設定百分比的 //
indeterminate="true" 就會跑，"false" 就不會動。

- progress 可以設定目前進度（深紅色）。

- secondaryProgress 可以設定第二階段（淺紅色），例如用於 player 緩存
  進度。

- 要注意的是：secondaryProgress 是以整條 bar 的比例去顯示顏色，並
  不是以剩餘部分的比例去顯示顏色，所以如果 secondaryProgress =<
  progress 就會顯示不出來。

- 只有 indeterminate="true" 的時候會根據 layout_height 改變 bar 的粗度。

- 如果要強制改變 bar 的粗度，就用 scaleY 屬性。

(2)progressBarStyle （一直轉圈圈）。

 不像 UIActivityIndicatorView 一樣有 stop 方法

2. SeekBar

(1)是 ProgressBar 的子類。

(2)一樣有分兩種：一般的；跟離散型的。（style="@style/Widget.AppCompat.
SeekBar.Discrete"）

(3)左右會留一些 inset。

(4)如果是一般型，value 就是 0~100，離散型的話用 max 來設定畫面有幾個點（這
個我找超久＝＝）。

(5)用 OnSeekBarChangeListener 監聽事件。

- onStartTrackingTouch 按下。

- onProgressChanged 移動中。

- onStopTrackingTouch 放下。

 不像 UISilder 的 value 是 Float，SeekBar 的 value 都是整數。

▌繼承關係

1. ProgressBar

java.lang.Object

↳ android.view.View

↳ android.widget.ProgressBar

2. SeekBar

java.lang.Object

↳ android.view.View

↳ android.widget.ProgressBar

↳ android.widget.AbsSeekBar

↳ android.widget.SeekBar

各種 Button

　　本章會為各位介紹 Android 的各種 Button，可以看到下表有很多種不同的 Button，不像 UIButton 只有一種，各種不同的 Button 有不同的用途與外觀。

▌對照表

Android	iOS
RadioButton	UISegment
Chip	無
Switch	UISWitch
ToggleButton	無
MaterialButton	UIButton

　　本章範例如圖 15-1-1，剛好對應表 15-1-1 的五種 Button。

▲圖 15-1-1

1. RadioButton 的效果就跟網頁上呈現的一樣，只能選其中一個，效果如圖 15-1-2。這裡講個小故事，很奇怪，為什麼單選按鈕要叫 Radio 呢？是因為以前聽廣播的機器就像 Walkman 隨身聽一樣，同時只能按一個按鈕，如果按了其他的按鈕，原本按鈕的就會跳起來：

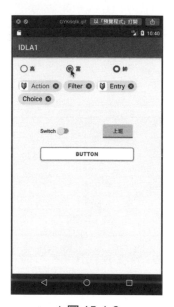

▲圖 15-1-2

2. Chip 可以拿來做 Tag 功能或 Email 裡的收件人，可以做到如圖 15-1-3 的打勾效果，也可做到如圖 15-1-4 的刪除功能：

▲圖 15-1-3

▲圖 15-1-4

3. Switch 的開啟效果如圖 15-1-5，Android 風格的切換頭會比身體大：

▲圖 15-1-5

4. ToggleButton 的關閉效果如圖 15-1-6，跟 Switch 一樣有可以 off 跟 on，但可以個別設定不同的文字：

▲圖 15-1-6

5. MaterialButton 會有如圖 15-1-7 的水波效果（由點的地方向外擴散漣漪）：

▲圖 15-1-7

▌常用屬性與一些說明

1. RadioButton

(1)用個 RadioGroup 把很多 RadioButton 群組起來。

(2)RadioGroup 可以選擇要橫排還是直排。

(3)然後對 RadioGroup 去 setOnCheckedChangeListener，裡面去 switch radioButton 的 id。

2. Chip

(1)一樣用個 ChipGroup 把 Chip 都框起來，一樣有 setOnCheckedChangeListener。

(2)如果要看是不是被打叉叉則是對 Chip 下 setOnCloseIconClickListener。

(3)Chip 的 style 有四種。

- Action
  - 沒有選中狀態。
  - 想要被選要設 clickable。
- Filter
  - 選中狀態是前面會打勾。
  - 不能顯示 icon。
- Entry
  - 預設就有叉叉。
  - 打勾會跟 icon 重疊。
- Choice
  - 有選中狀態，但不會打勾。
  - 不能顯示 icon。

(4)Chip 有個 textAppearance 屬性一定要設。

(5)如果設 closeIconEnabled，不管是哪種 Chip 都會有叉叉。

(6)打叉不會自己消失，要 setOnCloseIconClickListener 去聽 onClickListener（注意字不一樣），然後自己處理 visibility。

3. MaterialButton

(1)一定要在 style 屬性裡指定 Material 的 theme，不然就閃給你看

例 如 在 XML 裡 設 定 < style name="AppThemeMaterial" parent="Theme.MaterialComponents.Light.DarkActionBar" >。

(2)可以用 cornerRadius 屬性直接設定圓角了。

(3)背景

- android:backgroundTint="@color/white"

- android:backgroundTintMode="multiply"

(4)邊框

- app:strokeWidth="2dp"

- app:strokeColor="@color/green"

(5)水波效果

- rippleColor

▌繼承關係

1. RadioButton、Switch、ToggleButton、還有今天沒有介紹的 CheckBox，都是繼承 CompoundButton。

java.lang.Object

↳ android.view.View

↳ android.widget.TextView

↳ android.widget.Button

↳ android.widget.CompoundButton

↳ android.widget.RadioButton

2. Chip

java.lang.Object

  ↳ android.view.View

  ↳ android.widget.TextView

  ↳ android.widget.Button

  ↳ android.widget.CompoundButton

  ↳ android.widget.CheckBox

  ↳ androidx.appcompat.widget.AppCompatCheckBox

  ↳ com.google.android.material.chip.Chip

3. MaterialButton

java.lang.Object

  ↳ android.view.View

  ↳ android.widget.TextView

  ↳ android.widget.Button

  ↳ androidx.appcompat.widget.AppCompatButton

  ↳ com.google.android.material.button.MaterialButton

RecyclerView

　　就是做一個會自己長高的 tableView，如圖 16-1-1，紅色的部分隨著資料的行數越來越高：

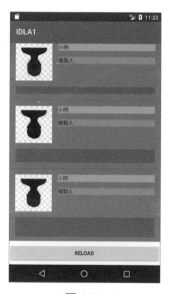

▲圖 16-1-1

1. 在安卓的世界裡，滾動列表可以用兩種 View 去實現，就是 ListView 跟 Recycler View。RecyclerView 顧名思義，就是跟 UITableView 一樣有 reuse 機制，但是實作起來就會比較麻煩。

 如果 iOS 的話是用 dequeueReusableCellWithIdentifier 來控制要不要 reuse。

2. 先列出大致的步驟如下：

(1)先畫 cell 的 XML。

(2)新增一個 Class 繼承 RecyclerView.Adapter。

(3)在客製的 Adapter 再新增一個 Class 繼承 RecyclerView.ViewHolder。

(4)在客製的 Adapter 實作建構子。

 建構子就是 constructor，就像 initializer。

(5)最後再實作 Adapter 的三個 override 方法。

(6)要做 Model 的話還要再加一個 .java 檔。

(7)好！萬事俱備了，串起來的流程就是：models > adapter > recycleView。

3. 畫面的話比較單純，跟以前在 xib 差不多，要注意的是 root layout 的高不能是 match_parent，不然就會一頁一個 cell 了 ...。

4. 重頭戲來了（Adapter）

(1)new 一個 Class（如圖 16-2-1）：

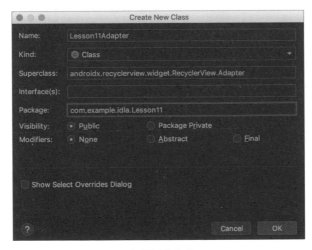

▲圖 16-2-1

(2)空空如也，按下自動神鍵 opt+ent（如圖 16-2-2）：

▲圖 16-2-2

(3)選擇想要自動出現的 method（如圖 16-2-3）：

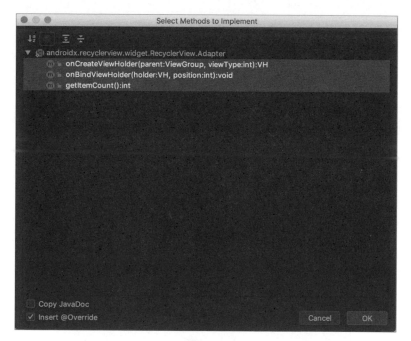

▲圖 16-2-3

(4)成功出現（如圖 16-2-4）：

```java
public class Lesson11Adapter extends RecyclerView.Adapter {

    @NonNull
    @Override
    public RecyclerView.ViewHolder onCreateViewHolder(@NonNull ViewGroup parent, int viewType) {
        return null;
    }

    @Override
    public void onBindViewHolder(@NonNull RecyclerView.ViewHolder holder, int position) {

    }

    @Override
    public int getItemCount() {
        return 0;
    }
}
```

▲圖 16-2-4

(5)在實作這三個 function 之前，先歡迎另一位主角（ViewHolder）

負責持有畫面跟更新資料。

```java
class CustViewHolder extends RecyclerView.ViewHolder
{
    private TextView textViewName;
    private TextView textViewTitle;
    private TextView textViewBio;
    public CustViewHolder(@NonNull View itemView)
    {
        super(itemView);
        textViewName = itemView.findViewById(R.id.textViewName);
        textViewTitle = itemView.findViewById(R.id.textViewTitle);
        textViewBio = itemView.findViewById(R.id.textViewBio);
    }
    void updateUI(Staff staff)
    {
        textViewName.setText(staff.name);
        textViewTitle.setText(staff.title);
        textViewBio.setText(staff.bio);
    }
}
```

(6)有了 ViewHolder，才有辦法實作：

- onCreateViewHolder（給它畫面）

```
    View cell = LayoutInflater.from(parent.getContext()).inflate(R.
layout.cell_lesson11,parent,false);
    return new CustViewHolder(cell);
```

- onBindViewHolder（給它資料或監聽點擊）

```
    CustViewHolder custViewHolder = (CustViewHolder)holder;
    custViewHolder.updateUI((Staff)this.items.get(position));
    custViewHolder.itemView.setOnClickListener(new View.
OnClickListener(){
        @Override
        public void onClick(View view){
            Log.d("MF",position + " 被點 ");
        }
    });
```

- getItemCount（給它數量）

(7)Model 部分

- 本來打算寫在同一個 file，但會提示錯誤訊息（如圖 16-2-5）：

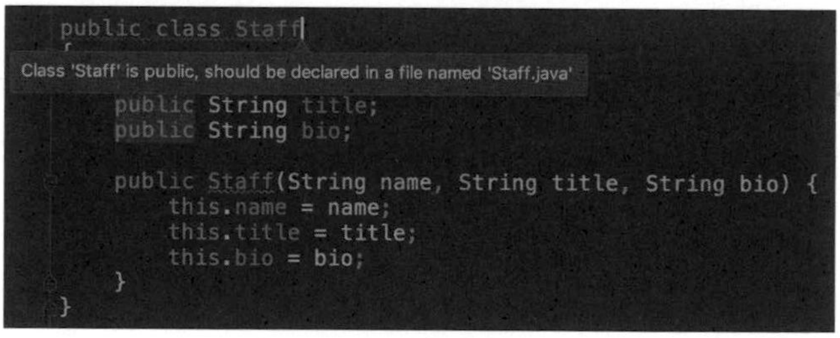

```
public class Staff|
Class 'Staff' is public, should be declared in a file named 'Staff.java'
    public String title;
    public String bio;

    public Staff(String name, String title, String bio) {
        this.name = name;
        this.title = title;
        this.bio = bio;
    }
}
```

▲圖 16-2-5

- 不過 Android Studio 可以幫你搬家（如圖 16-2-6）：

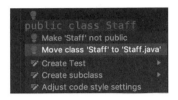

▲圖 16-2-6

- 甚至也可以幫你產生建構子（如圖 16-2-7）：

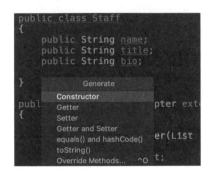

▲圖 16-2-7

(8)大集合

```
    recyclerView = findViewById(R.id.recycleView_staff);
    recyclerView.setLayoutManager(new LinearLayoutManager(this));
// 決定要列表或格子
    recyclerView.setAdapter(new Lesson11Adapter(new ArrayList()));
    recyclerView.addItemDecoration(new DividerItemDecoration(this,
DividerItemDecoration.VERTICAL));// 分隔線
```

(9)等等，你有看到 reloadData 嗎？只要重新指派新的 adapter 給 recycleView 就
會刷新囉。

LESSON 17 BottomNavigationView + Fragment

本章的主題就是 Android 的 TabBarController。要講到 BottomNavigationView 呢，就不得不講到 Fragment。

筆者是這麼去解讀 Fragment 的：因為 Android 不像 iOS 可以 ViewController addChildViewController，所以他們發明了可以加在 Activity 上的東西 = Fragment。所以 iOS 上常見的 ContainerViewController 模式到的 Android 上就要請 Fragment 出馬了。

例如官網提供的下面這張圖 17-1-1，不正是我們的 SplitViewController 嗎？

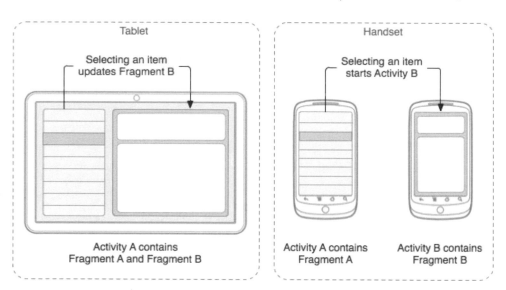

▲圖 17-1-1　由 Fragment 定義的兩種介面如何適應不同裝置
※出處：https://developer.android.com/guide/components/fragments?hl=zh-cn

另外 Fragment 也有所謂的生命週期（如圖 17-1-2）：

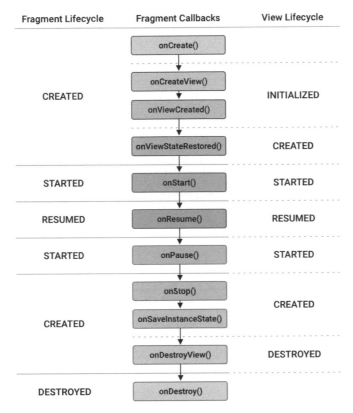

▲圖 17-1-2　Fragment 與 View 的生命週期

※出處：https://developer.android.com/guide/components/fragments?hl=zh-cn

　　本章的範例很簡單，就是點擊下方的 BottomNavigationView 時，切換不同的 Fragment，如圖 17-1-3 ～ 17-1-5：

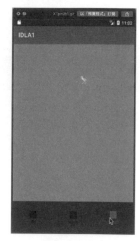

▲圖 17-1-3 　　　　　▲圖 17-1-4 　　　　　▲圖 17-1-5

 　其實 BottomNavigationView 跟 TabBarController 還是不太像，比較像 View 上面放幾個按鈕然後把 subView 換掉的感覺。

▋實作

1. 先在 res 資料夾下面建立一個 Android Resource Directory（如圖 17-2-1）：

▲圖 17-2-1

類型為 menu（如圖 17-2-2）：

▲圖 17-2-2

2. 接著就可以建立一個 Menu resource file（如圖 17-2-3）：

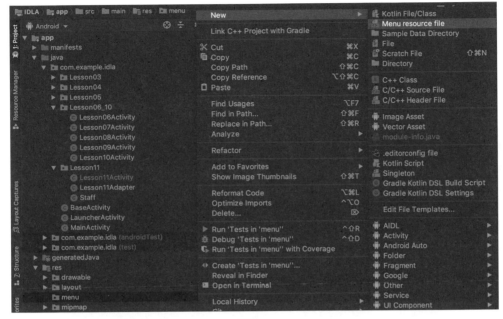

▲圖 17-2-3

3. 設定有哪些 item：

```
<item android:title="red"
    android:icon="@color/red"
    android:id="@+id/bottom_navi_red"/>
 <item android:title="yellow"
    android:icon="@color/red"
    android:id="@+id/bottom_navi_yellow" />
<item android:title="green"
    android:icon="@color/red"
    android:id="@+id/bottom_navi_green" />
```

4. 再來是建立 Fragment（如圖 17-2-4）：

▲圖 17-2-4

5. 最後是主要的 Activity，畫面就先拉一個 BottomNavigationView 在下面（其實我試過貼在上面也可以 XDDD），然後愛多高就多高 XD。

6. 再來是剩餘的空間給 FrameLayout（記不記得我們 Lesson 07 說過 FrameLayout 的主要用途就是拿來顯示 Fragment ？）。

7. Activity 的 code 就兩個部分，第一部分：寫個 function 負責把 Fragment 顯示在 FrameLayout：

```
private void changeFragment(FragmentType index)
{
    FragmentManager fragmentManager = getSupportFragmentManager();
    FragmentTransaction fragmentTransaction = fragmentManager.
beginTransaction();
```

```
        switch (index)
        {
            case red:
fragmentTransaction.replace(R.id.frame_layout_for_fragment,new
RedFragment());
                break;
            case yellow:
fragmentTransaction.replace(R.id.frame_layout_for_fragment,new
YellowFragment());
                break;
            case green:
fragmentTransaction.replace(R.id.frame_layout_for_fragment,new
GreenFragment());
                break;
        }
        fragmentTransaction.commit();
    }
```

8. 第二部分：監聽點擊：

```
bottomNavigationView.setOnNavigationItemSelectedListener(new
BottomNavigationView.OnNavigationItemSelectedListener(){
        @Override
        public boolean onNavigationItemSelected(@NonNull MenuItem
menuItem)
        {
            switch (menuItem.getItemId())
            {
                case R.id.bottom_navi_red:
                    changeFragment(FragmentType.red);
                    return true;
                case R.id.bottom_navi_yellow:
                    changeFragment(FragmentType.yellow);
                    return true;
                case R.id.bottom_navi_green:
                    changeFragment(FragmentType.green);
                    return true;
            }
```

```
                return false;
        }
    });
```

▌補充說明

1. TabItem 如果超過五個，編譯得過但會閃退（如圖 17-3-1）：

```
Thread.java:6077) <1 internal call>
jAndArgsCaller.run(ZygoteInit.java:866)
ZygoteInit.java:756)
 Maximum number of items supported by BottomNavigationView is 5. Limit can be checked with BottomNavigationView#getMaxItemCount()
tion.BottomNavigationMenu.addInternal(BottomNavigationMenu.java:45)
.add(MenuBuilder.java:482)
ter$MenuState.addItem(SupportMenuInflater.java:530)
ter.parseMenu(SupportMenuInflater.java:206)
ter.inflate(SupportMenuInflater.java:128)
tion.BottomNavigationView.inflateMenu(BottomNavigationView.java:252)
```

▲圖 17-3-1

 雖然 iOS 最多也是只能五個 Tab，但不會閃退，只會把第五個 Tab 變成點點點符號。

2. 只要超過三個 item，就不會顯示未選中的 item 的 title，字夠多的話，還會有漂移動畫（如圖 17-3-2）：

▲圖 17-3-2

04

| Part |

功能篇

call API

　　網路功能基本上是每個 App 必備的功能，而最常見的做法就是透過呼叫 API 來取得或儲存資料。本章會為各位介紹 Android 界裡非常有名的一個套件：OkHttp，來實現以下的登入功能。

1. 按下按鈕後，會出現 ProgressBar loading 的動畫（如圖 18-1-1），代表正在傳輸中：

▲圖 18-1-1

2. 若沒有輸入密碼，則原本 ProgressBar 的地方會出現錯誤訊息，如圖 18-1-2：

▲圖 18-1-2

3. 或是我們輸入錯誤的帳號，則會出現尚未註冊的訊息，如圖 18-1-3：

▲圖 18-1-3

4. 當帳號密碼都正確時，就會出現如圖 18-1-4 的成功訊息：

IDLA1
eve.holt@reqres.in
OK
{"id":
4,"token":"QpwL5tke4Pnpja7X4"}

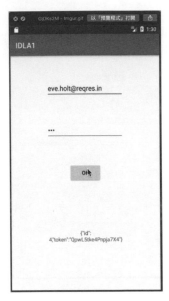

▲圖 18-1-4

實作

1. manifest 要加

```
<uses-permission android:name="android.permission.INTERNET" />
```

不然會閃退（如圖 18-2-1）：

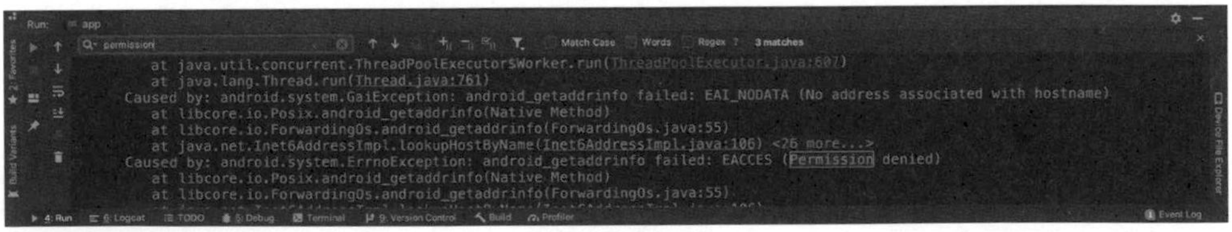

at java.util.concurrent.ThreadPoolExecutor$Worker.run(ThreadPoolExecutor.java:607)
at java.lang.Thread.run(Thread.java:761)
Caused by: android.system.GaiException: android_getaddrinfo failed: EAI_NODATA (No address associated with hostname)
at libcore.io.Posix.android_getaddrinfo(Native Method)
at libcore.io.ForwardingOs.android_getaddrinfo(ForwardingOs.java:55)
at java.net.Inet6AddressImpl.lookupHostByName(Inet6AddressImpl.java:106) <26 more...>
Caused by: android.system.ErrnoException: android_getaddrinfo failed: EACCES (Permission denied)
at libcore.io.Posix.android_getaddrinfo(Native Method)
at libcore.io.ForwardingOs.android_getaddrinfo(ForwardingOs.java:55)

▲圖 18-2-1

2. 不要在 callback 裡直接動 UI

不然會閃退（如圖 18-2-2）：

▲ 圖 18-2-2

解決方法是使用 runOnUiThread 把畫面操作相關的程式包起來，就跟 iOS 要切回 main thread 一樣。

3. 由三大部分 OkHttpClient, Request, Call 組成一次網路請求：

```java
FormBody body = new FormBody.Builder()
        .add("email", String.valueOf(editTextEmail.getText()))
        .add("password", String.valueOf(editTextPassword.getText()))
        .build();
Request request = new Request.Builder()
        .url(url)
        .post(body)
        .build();
Call call = client.newCall(request);
call.enqueue(new Callback()
{
    @Override
```

```
        public void onResponse(@NotNull Call call, @NotNull Response
response)throws IOException
        {
            // 成功了
        }
        @Override
        public void onFailure(@NotNull Call call, @NotNull IOException e)
        {
    });
        」
```

LESSON 19

JSON 轉物件

　　在透過 API 拿到想要的資料之後，基本上業界的標準寫法都是要轉成 Model 物件，Android 本身就有提供 JSONObject，來做到序列化 / 反序列化的功能，而本章會介紹另一個也是很有名的套件：Gson，來為各位展示如何把 JSON 轉成物件。

1. 可以針對關鍵字去做搜尋，按下按鈕之前下方藍色區域是空白的（如圖 19-1-1）：

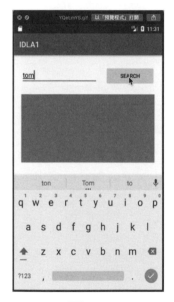

▲圖 19-1-1

2. 按下按鈕之後如圖 19-1-2，下方藍色區域就從 OMDB（Open Movie Database）
   的 API 撈出片名包含 "tom" 的電影：

▲圖 19-1-2

▌實作

1. 實在太方便了。

```
OMDBResult omdbResult = new Gson().fromJson(result,OMDBResult.class);
```

一行打完收工

2. JSON 的結構如下：

```
{
    "Search": [
        {
            "Title": "Peeping Tom",
```

```
        "Year": "1960",
        "imdbID": "tt0054167",
        "Type": "movie",
        "Poster": "https://m.media-amazon.com/images/M/MV5BZjM3ZTAzZDY
tZmFjZS00YmQ1LWJlOWEtN2I4MDRmYzY5YmRlL2ltYWdlXkEyXkFqcGdeQXVyMjgyNjk3MzE@
._V1_SX300.jpg"
      },
      {
        "Title": "Tom and Jerry: The Magic Ring",
        "Year": "2001",
        "imdbID": "tt0303151",
        "Type": "movie",
        "Poster": "https://m.media-amazon.com/images/M/MV5BODg3OTMzNzU
5N15BMl5BanBnXkFtZTgwNzQ3NTAwNzE@._V1_SX300.jpg"
      }
  ],
  "totalResults": "632",
  "Response": "True"
}
```

所以我們就拆成 Result 跟 Movie 兩層 Model。

這是很常見的結構。

3. 再來是一個很常見的狀況，後端的命名跟我們想要的不一樣怎麼辦？

例如 API 給我們的 Key 叫做 "Search"，但我們想命名為 movieList，

只要 Model Class 屬性的上一行加上 API 的 Key 即可（雖然我也很想叫後端改⋯）。

```
@SerializedName("Search")
public List<Movie> movieList;
```

4. 還有我們可能會遇到後端每次來的結構變來變去，我們就可以用 Gson 提供的通用類別 JsonObject.class 去餵給 fromJson，然後這樣取值：jsonObject.get("name").getAsString()。

▌補充說明

筆者初學 Amdroid 時，經常這樣閃退（如圖 19-3-1）：

```
 2
 3    import ...
23
24    public class Lesson14Activity extends AppCompatActivity
25    {
26        private EditText editText = findViewById(R.id.editText11);
27        private TextView textView = findViewById(R.id.textView13);
28
29        @Override
30        protected void onCreate(Bundle savedInstanceState)
31        {
32            super.onCreate(savedInstanceState);
33            setContentView(R.layout.activity_lesson14);
34        }
```

▲圖 19-3-1

看得出來為什麼嗎？

因為畫面都還沒好（還沒 ViewDidLoad）你就想 findViewById，如果習慣 Swift 寫法馬上初始化的應該會中標，可以注意一下。

Activity Gallery

L E S S O N
20

　　本章來爲各位讀者介紹一些 App 非常常見的模式，這些模式都是 Andorid 內建的，不用撰寫任何程式碼就可以達到以下功能。

1. 本章會爲各位介紹 Drawer、Tabbed、Master/Detail、FullScreen 四種模式（圖 20-1-1）：

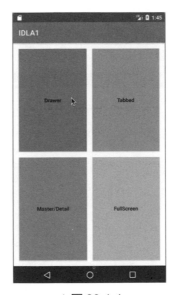

▲ 圖 20-1-1

2. Drawer 模式的左上角會有個選單的按鈕（如圖 20-1-2）：

▲圖 20-1-2

3. 按下後會出現側邊欄（如圖 20-1-3）：

▲圖 20-1-3

4. 除了用按鈕的方式，也可用手勢由左至右，把側邊欄叫出／收回（如圖 20-1-4）：

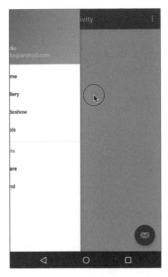

▲圖 20-1-4

5. Tabbed 模式會在畫面的上方出現 Tab 按鈕（如圖 20-1-5）：

▲圖 20-1-5

6. 在下方白色區域可以用手勢左右滑動切換頁籤（如圖 20-1-6）：

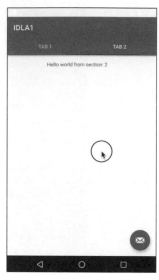

▲圖 20-1-6

7. 也可以透過點擊 Tab 按鈕切換（如圖 20-1-7）：

▲圖 20-1-7

8. Master/Detail 模式一開始會有個列表，這頁就是所謂的 Master（如圖 20-1-8）：

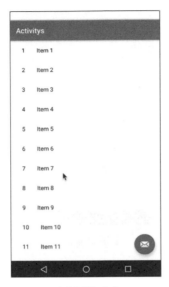

▲圖 20-1-8

9. 若點選 Master 的資料則會來到 Detail 頁面（如圖 20-1-9）：

▲圖 20-1-9

10. 點選 Master 中不同的資料，Detail 的資料也會跟著改變（如圖 20-1-10）：

▲圖 20-1-10

11. 若是在平板上看到則會是 Master 跟 Detail 都在同一個畫面（如圖 20-1-11）：

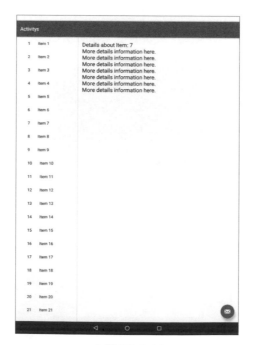

▲圖 20-1-11

12. FullScreen 模式則是 Android 手機特有的行為。一般來說，Android 手機的 App
    下方都會有系統級的三個按鈕，而現在我們可以看到圖 20-1-12 是全螢幕的狀態：

▲ 圖 20-1-12

13. 全螢幕狀態也可以再把系統按鈕跟狀態列標題欄都叫回來（如圖 20-1-13）：

▲ 圖 20-1-13

▌簡介

1. 找到 Activity Gallery 的方法（如圖 20-2-1）：

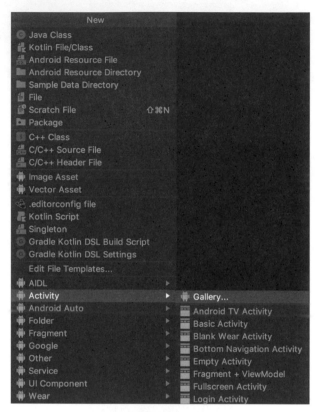

▲圖 20-2-1

　本章介紹的是圖 20-2-2 的這四種 Activity：

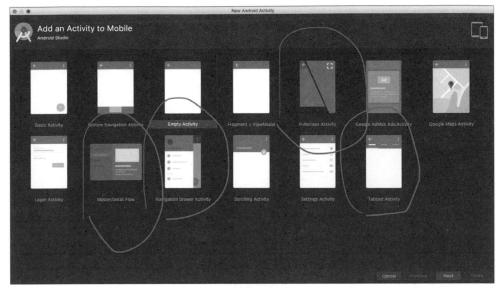

▲圖 20-2-2

2. 於這些 code 都是 Andorid Studio 自動產生的，也是個很好機會可以學習的地方，接著來跟各位大概說明一下程式的架構：

(1)Drawer

- Lesson15DrawerActivity

  主程式

- activity_lesson15_drawer.xml

  主畫面（DrawerLayout）

  - app_bar_lesson15_drawer.xml

    畫面本體上面的 Bar

  - content_lesson15_drawer.xml

    Bar 下面的內容

- nav_header_lesson15.xml

  抽屜選單上半部

- activity_lesson15_drawer.xml

  抽屜選單的選項

(2)Tabbed

- Lesson15TabbedActivity

  主程式

  - SectionsPagerAdapter

    PlaceholderFragment

  一個 Activity 上有多個畫面就是用 Fragment

  PageViewModel

- activity_lesson15_tabbed.xml

  主畫面（CoordinatorLayout）

  - com.google.android.material.tabs.TabLayout

    那條 tabBar

  - androidx.viewpager.widget.ViewPager

    Fragment 畫面的容器

(3)Master/Detail

- 他在 new 的時候畫面不太一樣，就是清單跟它的詳情

  所以 Android Studio 會問你這個東西是什麼（如圖 20-2-3）：

▲圖 20-2-3

- 例如我當初填的是 "Activity"（本來想放各種不同的 Activity），檔案生出來就會像下面這樣：

  - ActivityListActivity

    清單程式

  - activity_list.xml

    清單畫面

  - layout-w900dp/activity_list.xml

    平板用的清單畫面

  - ActivityDetailActivity

    詳情程式

■ ActivityDetailFragment

　其實都是用 Fragment 去顯示

● 核心邏輯

　先判斷是否大畫面，是的話就 Fragment，不是就先 Activity（再 Fragment）。

```
if (findViewById(R.id.activity_detail_container)!= null){
    // The detail container view will be present only in the
    // large-screen layouts (res/values-w900dp).
    // If this view is present, then the
    // activity should be in two-pane mode.
    mTwoPane = true;
}
if (mTwoPane){
    Bundle arguments = new Bundle();
    arguments.putString(ActivityDetailFragment.ARG_ITEM_ID, item.id);
    ActivityDetailFragment fragment = new ActivityDetailFragment();
    fragment.setArguments(arguments);
mParentActivity.getSupportFragmentManager().beginTransaction()
            .replace(R.id.activity_detail_container, fragment)
            .commit();
} else {
    Context context = view.getContext();
    Intent intent = new Intent(context, ActivityDetailActivity.class);
    intent.putExtra(ActivityDetailFragment.ARG_ITEM_ID, item.id);
    context.startActivity(intent);
}
```

指紋辨識

本章使用 Fingerprint 來展示如何使用手機的指紋辨識功能。

1. 辨識中如圖 21-1-1：

▲圖 21-1-1

2. 辨識失敗如圖 21-1-2：

IDLA1

辨識失敗

▲圖 21-1-2

3. 辨識成功如圖 21-1-3：

IDLA1

辨識通過

▲圖 21-1-3

▌實作

1. 在 manifest 加上權限申請 <uses-permission android:name="android.permission. USE_FINGERPRINT" />

2. 主要用到兩個 Class

(1)FingerprintManager// 檢查跟辨識使用。

(2)CancellationSignal// 取消辨識使用，

(3)要選 import android.os.CancellationSignal。

3. 先檢查

```
        if (checkSelfPermission(Manifest.permission.USE_FINGERPRINT)==
PackageManager.PERMISSION_GRANTED)
        {
        fingerprintManager = (FingerprintManager)getSystemService(
Activity.FINGERPRINT_SERVICE);
        if (!fingerprintManager.isHardwareDetected())
        {
            textView.setText(" 您的裝置不支援指紋辨識功能 ");
            return;
        }
        if (!fingerprintManager.hasEnrolledFingerprints())
        {
            textView.setText(" 您尚未設定指紋 ");
            return;
        }
        }
        else
        {
        textView.setText(" 請允許檢查指紋 ");
        return;
        }
```

4. 後辨識

(1)call 他去辨識 fingerprintManager.authenticate(null,cancellationSignal,0,mAuth enticationCallback,null);

```
    FingerprintManager.AuthenticationCallback mAuthenticationCallback =
new FingerprintManager.AuthenticationCallback()
    {
        @Override
        public void onAuthenticationError(int errorCode, CharSequence
errString)
        {
            timer.cancel();
            textView.setText("辨識錯誤\n" + errorCode + "\n" + errString);
        }
        @Override
        public void onAuthenticationFailed()
        {
            textView.setText("辨識失敗");
        }
        @Override
        public void onAuthenticationSucceeded(FingerprintManager.
AuthenticationResult result)
        {
            timer.cancel();
            textView.setText("辨識通過");
        }
    };
```

▌如何使用模擬器測試指紋辨識

 若是 Xcode 的 Simulator 不需設定，即可測試。

1. 先在模擬器的設定裡添加指紋，指紋不能單獨存在，我是選 Pattern（螢幕圖形鎖），如圖 21-2-1：

▲圖 21-2-1

2. 然後就要開始設定指紋囉，如圖 21-2-2：

▲圖 21-2-2

3. 出現圖 21-2-3 的時候，要透過 adb 來加入指紋，在終端機輸入：adb -e emu finger touch { 自取 ID }：

▲圖 21-2-3

4. 看到圖 21-2-4 就代表設定成功了，當要辨識的時候一樣輸入上述指令配上正確的 ID 就會成功，不同 ID 就失敗：

▲圖 21-2-4

5. 如果出現 -bash: adb: command not found，

6. 代表你 ADB（Android Debug Bridge）還沒設定好。

(1)先確認 ~/Library/Android/sdk/platform-tools 裡有沒有 adb。

(2)在 Terminal 輸入：

```
$ touch .bash_profile
$ open -e .bash_profile
```

　　會開啟一個純文字檔。

(3)輸入 export PATH=${PATH}:~/Library/Android/sdk/platform-tools 並存檔。

(4)然後指令 $ source .bash_profile。

(5)再打 adb 應該就不會 not found 了。

LESSON 22

Google Map

本章爲各位示範地圖的定位功能與鏡頭移動。

> ⚠️ 跟 MKMapView 最大的不同就是：Google Map 無法直接使用，必須先跟 Google 申請金鑰。

1. 預設地圖畫面如圖 22-1-1：

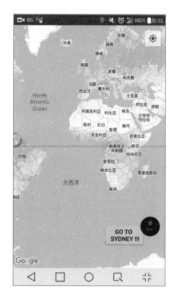

▲圖 22-1-1

2. 點擊右上定位按鈕，會移動地圖鏡頭至目前所在地，如圖 22-1-2：

▲圖 22-1-2

3. 若點擊右下按鈕，則會移動到雪梨的座標，如圖 22-1-3：

▲圖 22-1-3

實作

1. 去 Gallery 生一個 Map Activity。

2. Android Studio 就會自動幫你加權限。

3. 然後 google_maps_api.xml 就會要求你去產生金鑰。

(1)把 xml 裡面的網址貼到瀏覽器，如圖 22-2-1：

▲圖 22-2-1

(2)一直下一步就好了，如圖 22-2-2：

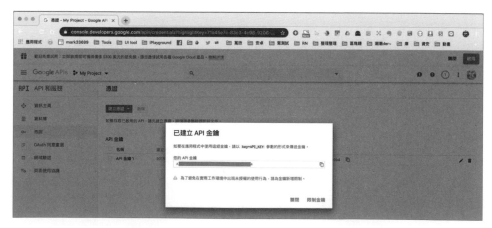

▲圖 22-2-2

(3)再把 key 貼回來 XML（debug 跟 release 是不一樣的 XML）

4. 畫面：會自動生成一個 com.google.android.gms.maps.SupportMapFragment。

5. 程式碼

(1)先啓用：mMap.setMyLocationEnabled（true）。

(2)然後 Android Studio 就會逼你檢查有沒有申請權限（很合理），如圖 22-2-3：

▲圖 22-2-3

(3)但是每個用到定位的地方都要我加下面這個判斷，就有點 ...

```
if (checkSelfPermission(Manifest.permission.ACCESS_FINE_LOCATION)!=
PackageManager.PERMISSION_GRANTED && checkSelfPermission(Manifest.
permission.ACCESS_COARSE_LOCATION)!= PackageManager.PERMISSION_GRANTED)
```

（其實只要在 func 的前一行加 @SuppressLint("MissingPermission") 就可以省略）

(4)用 getSystemService（Context.LOCATION_SERVICE）取得 locationManager。

(5)用 locationManager.requestLocationUpdates 去定位。

(6)用 locationManager.removeUpdates（this）停止定位。

(7)移動到想去的經緯度：

```
LatLng latLng = new LatLng(location.getLatitude(), location.getLongitude());
    CameraUpdate cameraUpdate = CameraUpdateFactory.newLatLngZoom(latLng,
12);
    mMap.animateCamera(cameraUpdate);
```

6. 注意事項：

如果看到圖 22-2-4 的畫面，請檢查 Android Studio 產生的 google_maps_api.
xml，網址裡所帶的 Package name 不一定正確 ....。

▲圖 22-2-4

本地儲存

說到本地儲存，不管是 iOS 或 Android，一向是白家爭鳴，有很多做法跟工具都可以達成目的，而本章會先介紹最基本的 SharedPreferences。

 就跟我們的 UserDefault 一樣，是最輕量簡單方便的。

1. 在還沒有輸入帳號密碼前，註冊按鈕是 disable 的，如圖 23-1-1：

▲圖 23-1-1

2. 若帳號已被註冊過則會出現如圖 23-1-2 的提示訊息：

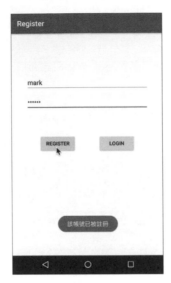

▲圖 23-1-2

3. 若註冊成功則會進到登入畫面，如圖 23-1-3：

▲圖 23-1-3

4. 若登入失敗則會出現如圖 23-1-4 的提示訊息：

▲圖 23-1-4

5. 若登入成功則會出現如圖 23-1-5 的提示訊息：

▲圖 23-1-5

實作

1. 跟 UserDefault 用起來差不多，除了以下兩點：

> 1. 有 file 的概念，可以開很多個 xml 檔，不像我們只有一個 .plist
>
> 2. 要寫入要用另一個 SharedPreferences.Editor 類來處理

2. 看 code 吧：

```
// 讀取
// 本來是想用 PreferenceManager 的，但已經棄用就算了
SharedPreferences sharedPreferences = getSharedPreferences("user",MODE_
PRIVATE);
// 跟 intent 的 getExtra 一樣，第二個參數是預設值
String password = sharedPreferences.getString(usernameEditText.getText().
toString(),"");
// 寫入
SharedPreferences.Editor spEditor = sharedPreferences.edit();
spEditor.putString(usernameEditText.getText().toString(), passwordEditText.
getText().toString());//Key-Value 形式
spEditor.commit();
```

3. 另外今天有用到 startActivityForResult，如果是自己專案內的 Activity 要用回傳的話，

```
Intent intent = new Intent();
intent.putExtra("isBackByLoginSuccess",true);
setResult(Activity.RESULT_OK, intent);
finish();
```

這樣對方的 onActivityResult 就會收到你的心意了（羞）。

4. 補充說明：如果有用到字串比較，跟 Objective-C 一樣不能直接用兩個等於，建議使用 TextUtils.equals("A 字串 ","B 字串 ")，因為他們用 A 字串 .equals("B 字串 ") 的時候，如果 A 字串是 null 就會閃退！

5. 結論：今天的範例一樣是用內建的 Activity Gallery 生的，不過不過架構會跟圖 23-2-1 一樣有點複雜：

▲圖 23-2-1

SQLite

本章介紹本地儲存的另一種做法：Room，是 androidx 的 library，用來存取 SQLite 達到本地資料庫的 CRUD。

 可以想成跟 CoreDate 是類似的東西。

1. 一開始都還沒有任何資料會如圖 24-1-1：

▲圖 24-1-1

2. 當按下下方的 Add 按鈕後，會出現 Dialog，可以輸入記事內容，如圖 24-1-2：

▲圖 24-1-2

3. 儲存後，可以看到畫面上已經顯示了剛才輸入的資料，如圖 24-1-3：

▲圖 24-1-3

4. 把 App 關閉後，重新開啓再輸入第二筆資料，可以看到原先的資料還在，如圖 24-1-4：

▲圖 24-1-4

實作

1. 先裝起來。

```
dependencies {
    def room_version = "2.2.0-rc01"
    implementation "androidx.room:room-runtime:$room_version"
    annotationProcessor "androidx.room:room-compiler:$room_version"
```

第二行也要加不然會閃退："_Impl does not exist"。

2. 分成三個部分。

(1)Entity

就是我們平常在寫的 Model，就是資料本身，他們叫做 Java bean 的指的也是
這個。

ORM，Object Relational Mapping，就是在這邊完成。

(2)DAO

Data Access Object，就是幫我們做新刪改查的小夥伴。

其實還是要懂一些 SQL 語法。

(3)Database

就是存資料的地方，SQLite 要操作的對象。

3. 上 code

```
    1. Entity
@Entity(tableName = "note_t")
public class Note
{
    @PrimaryKey(autoGenerate = true)
    public int uid;
    // 欄位不同用 @ColumnInfo(name = "column_name")
    public String user;
    public String time;
    public String todo;
    public Note(String user, String time, String todo)
    {
        this.user = user;
        this.time = time;
        this.todo = todo;
    }
}
    2. DAO
@Dao
public interface NoteDAO
{
    @Insert
    public void insert(Note note);
    @Query("SELECT * FROM note_t WHERE user = :user")
    List<Note> getAllNotesBy(String user);
}
```

```
    3. Database
@Database(entities = {Note.class}, version = 1)// 版本是要幹嘛的？
public abstract class IDLADB extends RoomDatabase
{
    public abstract NoteDAO noteDAO();
    //Singleton
    private static IDLADB INSTANCE;
    public static IDLADB getDatabase(Context context)
    {
        if (INSTANCE == null)
        {
            INSTANCE = Room.databaseBuilder(context,IDLADB.class,"idlaDB")
                    .allowMainThreadQueries()// 其實這種耗時的動作應該丟到背景去
執行，特殊原因要強制就加這句
                    .build();
        }
        return INSTANCE;
    }
}
```

4. 透過上述的設定將三者串連起來，我們就可以在程式使用了。

　　(1)IDLADB.getDatabase(this).noteDAO();

　　　拿到 DAO

　　(2)noteDAO.insert(newNote);

　　　透過 DAO 輸入

　　(3)noteDAO.getAllNotesBy("mark");

　　　透過 DAO 輸出

5. 這次用了 SimpleAdapter 跟 simple_list_item_2 處理畫面，比較少見：

```
        simpleAdapter = new SimpleAdapter(this,
                maps,
                android.R.layout.simple_list_item_2,
                new String[] {"time", "todo"},
```

```
                    new int[] {android.R.id.text1,android.R.id.text2});
    for(Note note: notes)
    {
        HashMap<String,String> map = new HashMap<String,String>();
        map.put( "time", note.time);
        map.put( "todo", note.todo);
        maps.add(map);
    }
    listView.setAdapter(simpleAdapter);
```

6. 導出 DB

有的時候我們會想要備份，或是用 browser 去分析資料，這時候就需要把 DB export 出來，Android Studio 就有 Device File Explorer，Shift 兩次叫出來之後就可以照圖 24-2-1 的路徑找到：

▲ 圖 24-2-1

7. 然後終於可以看到數據啦～（如圖 24-2-2）：

▲圖 24-2-2

AppBar

雖然 Android 沒有了 NavigationController，但其實上面一直有一條東西，這東西在程式裡面叫 ActionBar，但 Android 叫他 AppBar，今天就談談這個 ActionBar 或叫 AppBar 的二三事（不要叫做 foobar 就好 XD）。

原本是想做成在 Activiyt 裡，可以動態切換原有的 / 客製的 / 隱藏 AppBar，如圖 25-1-1 有三個按鈕，但後來發現無法替換掉系統的 AppBar，只能變成如圖 25-1-2 放在 Activity 上，下面娓娓道來。

▲圖 25-1-1

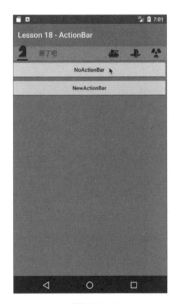

▲圖 25-1-2

▌實作

1. 如果要改成客製 ActionBar，步驟如下：

(1)把原本 style.xml 的 DarkActionBar 改成 NoActionBar，此時 App 就不會有 ActionBar 了。

(2)設定 ActionBar 的 layout，用 ToolBar 這個類別。

(3)findviewbyID 得到 toolbar。

(4)在 Activiyt 裡把它 setSupportActionBar。

2. 看起來很簡單，但我卻卡超久，因為：

(1)叫 setSupportActionBar 吃的卻是一種叫做 ToolBar 的東西 = =

而且 ToolBar 還分兩種：舊的 android.widget.Toolbar 跟新的 androidx.appcompat. widget.Toolbar（甚至還有一種 android.support.v7.widget.Toolbar）。

舊 ToolBar 是對應到 setActionBar 這個方法。只要畫面／類別／方法，三個沒對好，就會閃退。這是非常容易出錯的地方，需要特別注意，就像 Fragment 也是很多種。

 Cocoa framework 不會有這種狀況。

(2)我的認知一直以為 AppBar 不是 Activiyt 上的東西，所以我把 AppBar 的 layout 獨立做成一個 xml，但是卻忽略網路上教的都是 findviewbyID，導致取到的都是 null，所以必須貼在 Activity 上才行。

(3)如果沒有改成 NoActionBar，系統級的 ActionBar 還在，你 setSupportActionBar，他又閃給你看。

3. 其他發現

(1)既然要客製 AppBar 就要畫在畫面上，那還 setSupportActionBar 幹嘛？經實驗發現：

- AppBar 就會顯示 Activity Title。

- 就 可 以 使 用 一 些 getSupportActionBar().show(), getSupportActionBar().setHomeButtonEnabled 等 method。不然 NoActionBar 讓 getSupportActionBar() 變成得到 null，call 了可是又會 Crash 的了呢。

 iOS 可以請 nil 呼叫 method。

(2)getSupportActionBar() 拿到的型別是就真的是 ActionBar 了，但也因此你不能塞回去 setSupportActionBar 裡面 ...。

(3)所以為什麼畫面上想做的事做不到？因為又有預設的 ActionBar 又要客製，是互斥的，除非你不想 setSupportActionBar。

FCM Notification

本章爲各位介紹手機 App 重要的一個功能：遠端推播，透過 Firebase Cloud Messaging 來實作以下功能。

1. 進到此畫面預設狀態爲等待推播中，如圖 26-1-1：

▲圖 26-1-1

2. 若收到推播則顯示如圖 26-1-2：

▲圖 26-1-2

3. 由手機上方往下拉出通知中心，也可看到的確收到推播，如圖 26-1-3：

▲圖 26-1-3

▎實作

1. Firebase 已經被整合進 Android Studio 了，如圖 26-2-1：

▲圖 26-2-1

2. 選 Cloud Messaging 來實作推播，如圖 26-2-2：

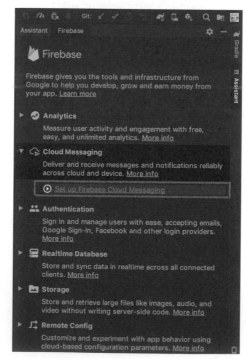

▲圖 26-2-2

3. 幫你在 Firebase 建立專案並整進 Android Studio，如圖 26-2-3：

▲圖 26-2-3

4. 安裝 library，如圖 26-2-4：

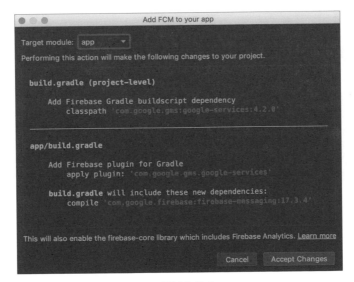

▲圖 26-2-4

5. File > New > Service > Service > 繼承 FirebaseMessagingService：

```
public class IDLAFirebaseMessagingService extends FirebaseMessagingService
{
    public IDLAFirebaseMessagingService(){ }
    @Override
    public void onMessageReceived(RemoteMessage remoteMessage)
    {
        // TODO(developer): Handle FCM messages here.
        // Not getting messages here? See why this may be: https://goo.gl/
39bRNJ
        Log.d("MF♥", "From: " + remoteMessage.getFrom());
    }
}
```

6. 去 console.firebase.google.com 發推播，如圖 26-2-5：

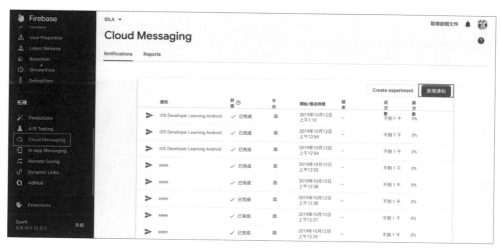

▲圖 26-2-5

7. 其實這時已經可以收到推播了，如圖 26-2-6：

▲ 圖 26-2-6

 不像 iOS 必須先取得使用者同意。

8. 實作前景也能顯示在 system tray（通知中心）：

如果 APP 在背景時，不會 call onMessageReceived，但 Android 會幫你顯示到
system tray

```
        RemoteMessage.Notification remoteNotif = remoteMessage.
getNotification();
        Notification notif = new NotificationCompat.Builder(this,
"NotificationChannelID")
                .setSmallIcon(R.drawable.chess_knight)
                .setContentTitle(remoteNotif.getTitle())
                .setContentText(remoteNotif.getBody())
                .build();
        NotificationManager notificationManager = (NotificationManager)
getSystemService(NOTIFICATION_SERVICE);
        notificationManager.notify(999,notif);
```

9. 透過 LocalBroadcastManager 跟 BroadcastReceiver 來廣播給 Activity：

 iOS 統一使用 NotificationCenter 處理廣播發送與接收。

```
//onMessageReceived時發出廣播
        Intent intent = new Intent("FCM");
        intent.putExtra("notifi",message);
LocalBroadcastManager.getInstance(this).sendBroadcast(intent);
//Activity
    @Override
    protected void onCreate(Bundle savedInstanceState)
    {
        super.onCreate(savedInstanceState);
        setContentView(R.layout.activity_lesson21);
        textView = findViewById(R.id.textView15);
        broadcastReceiver = new BroadcastReceiver()
        {
            @Override
            public void onReceive(Context context, Intent intent)
            {
textView.setText(intent.getStringExtra("notifi"));
            }
        };
    }
    @Override
    protected void onStart()
    {
        super.onStart();
LocalBroadcastManager.getInstance(this).registerReceiver(broadcastReceiver,
new IntentFilter("FCM"));
    }
    @Override
    protected void onStop(){
        super.onStop();
LocalBroadcastManager.getInstance(this).unregisterReceiver(broadcastReceiver);
    }
```

▌補充說明

1. 跟 iOS 相比有以下兩點差異：

- 不一定要走 APNs，他們也可以不透過 FCM，像在中國 Google 不通，就要用其他的推播服務。
- 模擬器是可以收到推播的

2. Service 跟 Activity 一樣，新增的時候會自動幫你加入到 AndroidManifest。

3. 如果之前能收到推播，然後突然收不到了，請檢查 Android Studio 右下角的 Event Log，裡面有紅字的 DNS 錯誤的話就重開一下。

4. 拿到推播 token 的方法。

```
FirebaseInstanceId
    .getInstance()
    .getInstanceId().addOnCompleteListener(new OnCompleteListener
<InstanceIdResult>()
    {
    @Override
    public void onComplete(@NonNull Task<InstanceIdResult> task)
    {
        if (task.isSuccessful()&& task.getResult()!= null)
        {
            Log.d("MF♥", "FCM token: " + task.getResult().
getResult().getToken());
        }
    }
});
```

LESSON 27 APP Widget

Widget，又稱小部件或小工具，是一個在 OS 裡可以操作 App 的另一個地方。Android 的 widget 跟 iOS13 的 widget 在操作上就很不一樣，iOS 是在第一個主畫面的左邊會有一個列表，全部的 widget 都必須集中在這邊；Android 則是在任意主畫面的地方都可以新增 widget，畫面大小也可任意調整，更靈活也更方便。

 在 iOS14 之後就改成跟 Andorid 很像了。

在開發部分，widget 寄生於 Host App 裡（也就是 App 刪了，widget 也被刪了），widget 只是一個 component，繼承於 BroadcastReceiver。

 不論何種平台的 widget 都無法脫離 App 單獨存在。

 iOS13 以前的 widget 是一個 Target（Today Extension），有自己的 bundleID，算是跟 App 同一級。

1. 在 Andorid 主畫面空白處按住，可以變為編輯模式，如圖 27-1-1：

▲圖 27-1-1

2. 點選 WIDGETS 會來到選擇 widget 的畫面，可以看到我們做的 widget 已經可以選擇了，如圖 27-1-2：

▲圖 27-1-2

3. 按住我們的 widget，可以把它拖到主畫面，我們的 widget 的版面是寬 1 單位 X 長 4 單位，如圖 27-1-3：

▲圖 27-1-3

4. 可以點擊 widget 上的按鈕，如圖 27-1-4：

▲圖 27-1-4

5. 點擊後會開啓 App 特定的頁面，再從 App 這邊傳資料給 widget，如圖 27-1-5：

▲圖 27-1-5

▌實作

1. 新增方式

    (1)File > New > Widget（拉到最下面）> AppWidget。

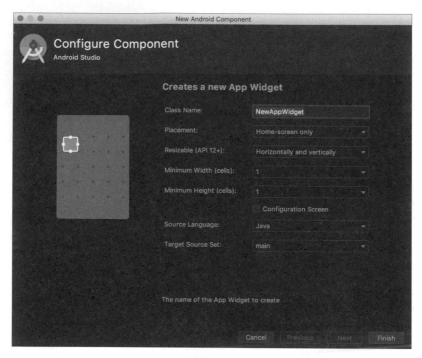

▲圖 27-2-1

- Placement：可以決定是否讓 widget 顯示在鎖定畫面，但目前試不出來。

- resizeable：就像開頭講的，可以決定讓 widget 是否可以調整大小。

- 要注意一定要有 Target source set 這個選項，不然就是你可能在錯誤的地方右鍵 new，可能會讓你搬檔案搬到手軟。

- configuration Screen：可以讓 widget 在新增的時候開啓一個 Activity 來設定，如圖 27-2-2：

▲圖 27-2-2

- widget 就會根據 configuration 的設定被建立，如圖 27-2-3：

▲圖 27-2-3

2. 主要檔案組成

(1)Widget.java：Widget 的程式邏輯。

(2)widget.xml：Widget 的畫面佈局。

(3)widget_info.xml：Widget 的一些參數設定，在 Android Studio 新增時的選項都可以從這邊調整。

(4)example_appwidget_preview.png：user 新增 widget 時會看到的預覽畫面。

3. 生命週期

(1)onEnabled

加入第一個 widget 時呼叫。

(2)onUpdate

只要加入 widget 時就會呼叫，另外在 widget_info.xml 的 updatePeriodMillis 還有設定多久會呼叫一次（但不保證一定會成功，官方建議一小時不要超過一次）。

(3)onDeleted

只要刪除 widget 時就會呼叫。

(4)onDisabled

刪除最後一個 widget 時呼叫。

(5)onReceive

因為是繼承 BroadcastReceiver，所以也可以發廣播給它。

4. 畫面處理

(1)佈局只支援 FrameLayout、LinearLayout、RelativeLayout、GridLayout。

(2)元件只支援 AnalogClock、Button、Chronometer、ImageButton、ImageView、ProgressBar、TextView、ViewFlipper、ListView、GridView、StackView、AdapterViewFlipper（連子類也不行）。

(3)因為現在不是對 Activity 寫邏輯了，所以什麼 findViewByID、onClick 都不能用了。

(4)跟畫面的溝通就必須要一個 RemoteViews 類來處理：

```
        RemoteViews views = new RemoteViews(context.getPackageName(), com.
example.idla.R.layout.new_app_widget);
views.setTextViewText(com.example.idla.R.id.appwidget_text, widgetText);
        appWidgetManager.updateAppWidget(appWidgetId, views);
```

(5)如果是按鈕，這樣可以點了就開 Activity（把 PendingIntent.getActivity 換成 PendingIntent.getBroadcast 可以讓 widget 收到 onReceive）。

```
remoteView.setOnClickPendingIntent(com.example.idla.R.id.appwidget_btn,
PendingIntent.getActivity(context,0,new Intent(context, Lesson22Activity.
class),0));
```

5. 發廣播給 widget：

```
        Intent intent = new Intent(AppWidgetManager.ACTION_APPWIDGET_UPDATE);
intent.putExtra("message",editText.getText().toString());
        PendingIntent pendingIntent = PendingIntent.getBroadcast(this, 0,
intent, 0);
        try {
            pendingIntent.send();
        } catch (PendingIntent.CanceledException e){
            e.printStackTrace();
        }
```

LESSON 28 伸縮 Banner & 瀑布流 & CardView

　　本章示範了如何做到滑動時伸縮 Banner、瀑布流排版、CardView layout 等功能，這些功能在 Android 要實現都滿友善的，不需要寫什麼 code 就可以達成。

1. 圖 28-1-1 展示了一個垂直的瀑布流排版，可以看到卡片依照紅黃綠藍的順序，由左至右、由上而下排列：

▲圖 28-1-1

2. 若手勢往上滑動，可以看到圖 28-1-2 的 banner 高度就變矮了，若是往下滑動，
又會長高回來：

▲圖 28-1-2

▌實作

1. CardView：就是 FrameLayout 的一種，但是加了一些現在常用的設計，例如圓角
/陰影等等。

(1)常用屬性

app:cardBackgroundColor：設定卡片的背景色（注意不是 backgroundColor）

app:cardCornerRadius：設定卡片圓角的大小

app:cardElevation：設置卡片陰影的大小

app:cardUseCompatPadding：在 API v21＋中添加內邊距與以前版本有相同的
測量。

app:contentPadding：添加左、上、右、下的內邊距

app:contentPaddingBottom：添加下方的內邊距

app:contentPaddingLeft：添加左邊的內邊距

app:contentPaddingRight：添加右邊的內邊距

app:contentPaddingTop：添加上方的內邊距

(2)點擊波紋效果

```
android:clickable="true"
android:foreground="?android:attr/selectableItemBackground"
```

2. 瀑布流：透過 LayoutManager 就可達成了。

(1)recyclerView.setLayoutManager(new StaggeredGridLayoutManager(3,Stagger edGridLayoutManager.VERTICAL)); 一行搞定。

StaggeredGridLayoutManager 就是瀑布流，3 代表三欄，VERTICAL 垂直滾動。

(2)在 RecycleView.ViewHolder 的如何 startActivity ？

view.getContext(); 就可以拿到 Activity 了

3. 伸縮 Banner：不用寫 code，透過 layout 即可。

(1)先在 AndroidMenifest 把 Activity 的 theme 設成 NoActionBar

(2)layout 結構：

- CoordinatorLayout
  - AppBarLayout

    CollapsingToolbarLayout

    ImageView

    Toolbar
  - NestedScrollView

    RecyclerView

(3)最後在 Activity 裡 findViewById 取得 tool 用 setSupportActionBar 塞回去即可

(4)注意：如果在 AndroidMenifest 把 Activity 的 label 改掉會蓋掉 app_name，用 setTitle 則不會。

05
| Part |

完結篇

上架

在歷經了前面四大篇章、二十八個章節之後，我們終於來到了所有 App 都該回去的地方：上架。

要上架前會分成兩部分：打包跟送審。

▌打包

打包的路徑如圖 29-1-1：

▲圖 29-1-1

選擇要打包的程式類型，筆者選擇了比較普遍的 APK 格式，如圖 29-1-2：

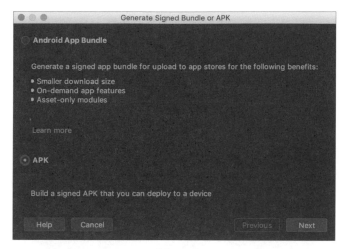

▲圖 29-1-2

第一次打包要先新增 Key，請按 Create new 按鈕，如圖 29-1-3：

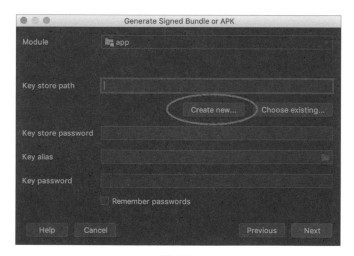

▲圖 29-1-3

密碼有兩組，至少要 6 碼；憑證資訊至少要填一項，如圖 29-1-4：

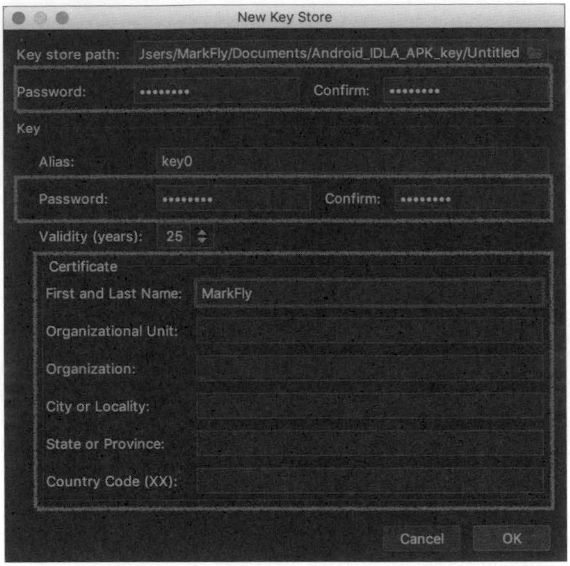

▲圖 29-1-4

剛剛填的資訊會帶過來，如圖 29-1-5：

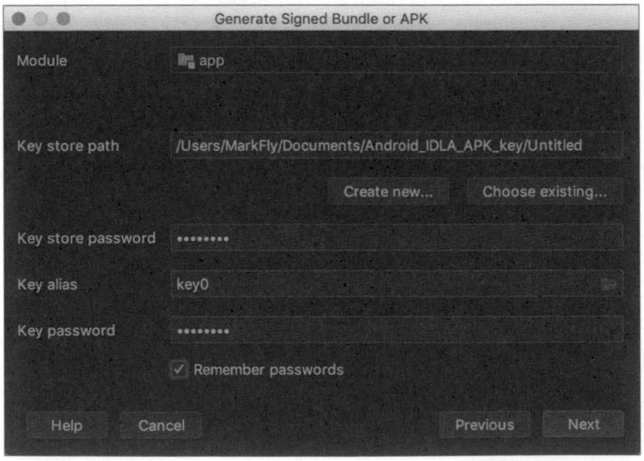

▲圖 29-1-5

選擇 Build Variant（就是之前說過像 Target 的那個東西）跟 Signature Version（下面兩個至少要勾一），如圖 29-1-6：

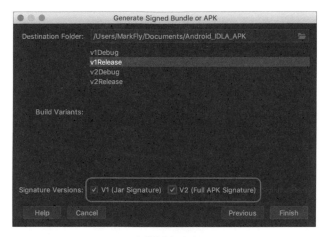

▲圖 29-1-6

成功產生出 apk 檔了，如圖 29-1-7：

▲圖 29-1-7

送審

首先我們來到了人家的 App store connect：https://play.google.com/console
又到了交保護費的時候了，不過人家一輩子只要給一次啊 !!!!!（還比你一年便宜），
如圖 29-2-1：

 iOS 開發者帳號，年費美金 $99。

您目前的登入身分是...

mark33699@gmail.com

這個 **Google** 帳戶將會連結到您的開發人員控制台。

如要使用其他帳戶，可從下方選項中選擇。如果您代表特定機構，建議您為機構註冊新的 Google 帳戶，而非使用個人帳戶。

使用其他帳戶登入　　建立新的 GOOGLE 帳戶

在您繼續之前...

接受開發人員協議

閱讀並同意《Google Play 開發人員發行協議》。

☐ 我同意遵循《Google Play 開發人員發布協議》連結我的帳戶註冊資訊，並確認自己已年滿 18 歲。

查看支援發行應用程式的國家/地區

查看發布國家/地區，瞭解您可在哪些地方發布及銷售應用程式。 瞭解詳情

如要銷售應用程式或應用程式內產品，請確認您在自己的國家/地區擁有商家帳戶。瞭解詳情

信用卡

請備妥信用卡，下個步驟須支付 $25 美元的註冊費。

繼續付款

© 2019年 Google · 行動應用程式 · 說明 · 網站條款 · 隱私權政策 ·

▲圖 29-2-1

要過五關（有灰色勾勾的地方），如圖 29-2-2：

Google Play Console
所有應用程式
資訊主頁
應用程式版本
Android 免安裝應用程式
成果庫
裝置目錄
應用程式簽署
商店資訊
自訂商店資訊
內容分級
應用程式內容
定價與發布
應用程式內商品

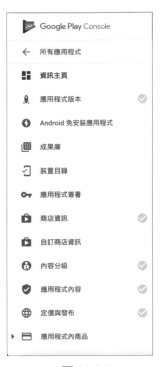

▲圖 29-2-2

移到勾勾上會說你還欠什麼作業沒交，例如圖 29-2-3：

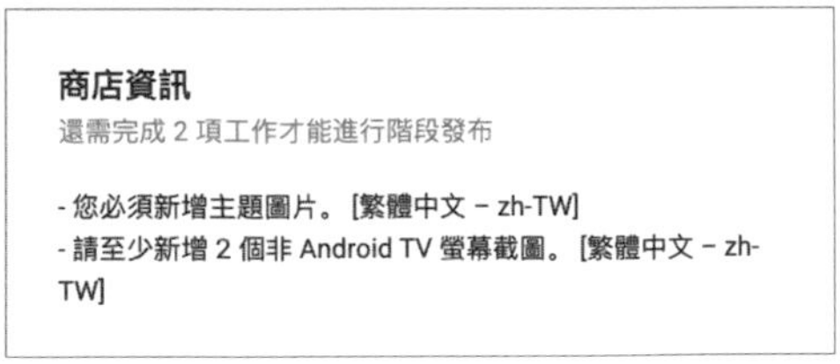
商店資訊
還需完成 2 項工作才能進行階段發布
- 您必須新增主題圖片。 [繁體中文 – zh-TW]
- 請至少新增 2 個非 Android TV 螢幕截圖。 [繁體中文 – zh-TW]

▲圖 29-2-3

螢幕截圖的規定鬆多了，只有規定上下限，如圖 29-2-4：

▲圖 29-2-4

需要上傳 banner，如圖 29-2-5：

iOS 不用。

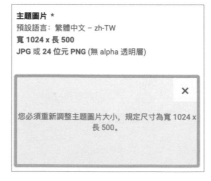

▲圖 29-2-5

以前會聽 Android 同事說的說 key 不見了就不能更新了，現在 Google 有提出新的方案，如圖 29-2-6：

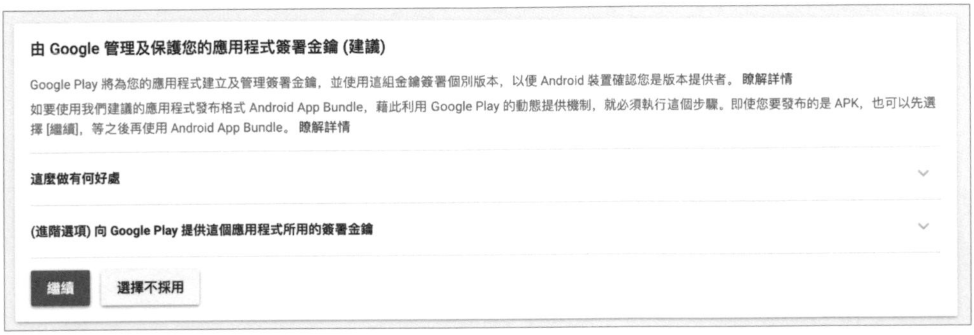

由 Google 管理及保護您的應用程式簽署金鑰 (建議)
Google Play 將為您的應用程式建立及管理簽署金鑰，並使用這組金鑰簽署個別版本，以便 Android 裝置確認您是版本提供者。 瞭解詳情
如要使用我們建議的應用程式發布格式 Android App Bundle，藉此利用 Google Play 的動態提供機制，就必須執行這個步驟。即使您要發布的是 APK，也可以先選擇 [繼續]，等之後再使用 Android App Bundle。 瞭解詳情
這麼做有何好處
(進階選項) 向 Google Play 提供這個應用程式所用的簽署金鑰
繼續
選擇不採用

▲圖 29-2-6

各位獨立開發者們記得 package name 裡面不要包含 com.example...，如圖 29-2-7：

要新增的 Android App Bundle 和 APK
這個版本開始階段發布後，系統就會在 Google Play 商店中提供這些 App Bundle 和 APK。
從檔案庫新增
上傳失敗
「com.example」受到限制，請選用其他套件名稱。
上傳其他檔案

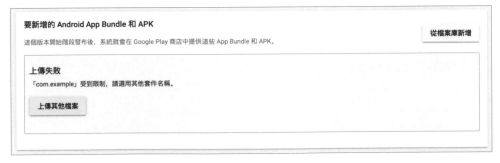

▲圖 29-2-7

APK 上傳成功後可以看到如圖 29-2-8 提供的資訊：

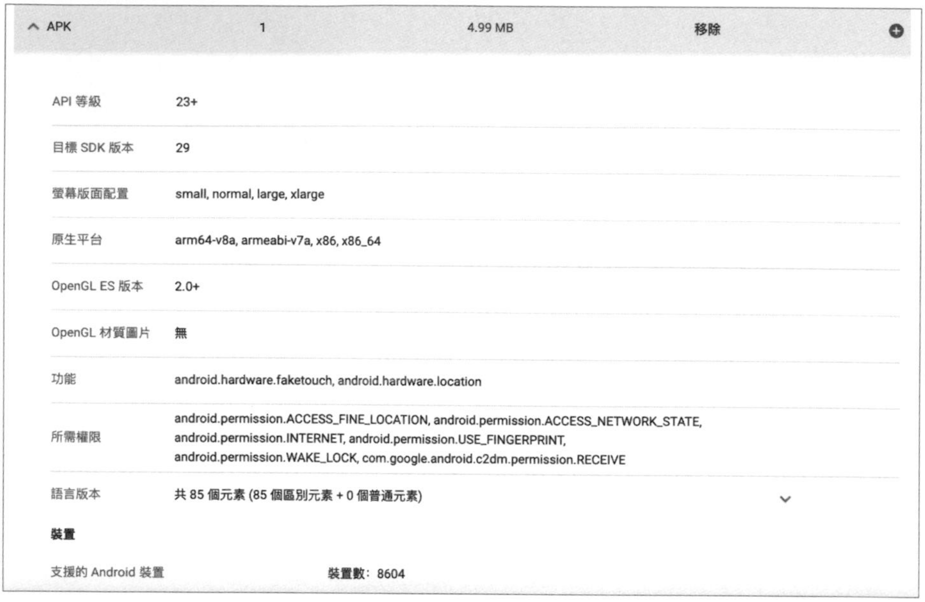

∧ APK	1	4.99 MB	移除	⊕

API 等級	23+
目標 SDK 版本	29
螢幕版面配置	small, normal, large, xlarge
原生平台	arm64-v8a, armeabi-v7a, x86, x86_64
OpenGL ES 版本	2.0+
OpenGL 材質圖片	無
功能	android.hardware.faketouch, android.hardware.location
所需權限	android.permission.ACCESS_FINE_LOCATION, android.permission.ACCESS_NETWORK_STATE, android.permission.INTERNET, android.permission.USE_FINGERPRINT, android.permission.WAKE_LOCK, com.google.android.c2dm.permission.RECEIVE
語言版本	共 85 個元素 (85 個個別元素 + 0 個普通元素) ∨
裝置	
支援的 Android 裝置	裝置數: 8604

▲ 圖 29-2-8

如果看到了圖 29-2-9 的錯誤：

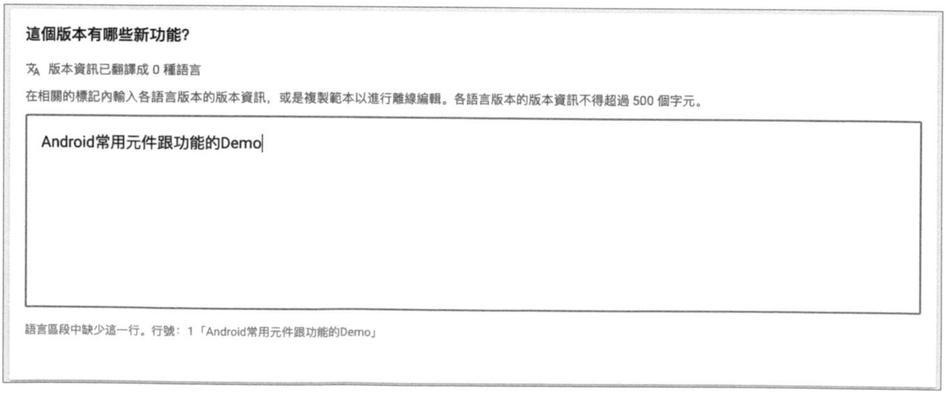

這個版本有哪些新功能?

文A 版本資訊已翻譯成 0 種語言

在相關的標記內輸入各語言版本的版本資訊，或是複製範本以進行離線編輯。各語言版本的版本資訊不得超過 500 個字元。

Android常用元件跟功能的Demo|

語言區段中缺少這一行。行號：1「Android常用元件跟功能的Demo」

▲ 圖 29-2-9

就必須用圖 29-2-10 的 Tag 包起來（誰知道啊 ...）：

這個版本有哪些新功能？

文A 版本資訊已翻譯成 0 種語言

在相關的標記內輸入各語言版本的版本資訊，或是複製範本以進行離線編輯。各語言版本的版本資訊不得超過 500 個字元。

```
<zh-TW>
Android常用元件跟功能的Demo
</zh-TW>
```

輸入了 1 個語言翻譯版本：zh-TW

▲圖 29-2-10

App 的六大分類，如圖 29-2-11：

參考資訊、新聞或教育內容
應用程式的主要目的在於以不偏頗的方式提供真實資訊，讓使用者注意到最新事件或吸收新知。範例包括：Wikipedia、BBC News、Dictionary.com 與 Medscape。若應用程式的主要用途是提供性愛建議或指導 (例如 "iKamasutra - Sex Positions" 或 "Best Sex Tips")，則應該歸類為「娛樂」應用程式，而不屬於此類別。瞭解詳情

社交網路、論壇、部落格與使用者產生的內容 (UGC) 分享
應用程式的主要目的是讓使用者分享內容或與一大群人溝通。範例包括：reddit、Facebook、Chat Roulette、9Gag、Yelp、Google Plus、YouTube、Twitter。只用於在一小群人之間進行溝通的應用程式 (例如，簡訊、WhatsApp 或 Skype) 應該分類為「通訊」應用程式而不應該列在這裡。瞭解詳情

內容彙總、消費者市集或商務串流服務
應用程式的主要目的是銷售實體商品或展出實體商品、服務或數位內容 (例如，相對於使用者建立之音樂與電影的專業製作電影或音樂) 的集合。範例包括：Netflix、Pandora、iTunes、Amazon、Hulu+、eBay、Kindle。瞭解詳情

遊戲
應用程式是遊戲。範例包括：Candy Crush Saga、Temple Run、World of Warcraft、Grand Theft Auto、Mario Kart、The Sims、Angry Birds、賓果、撲克牌、每日夢幻運動 (DFS) 或下注應用程式。

娛樂
此應用程式的目的是娛樂使用者，而且不落在上述任何類別中。範例包括 Talking Angela、Face Changer、People Magazine、iKamasutra - Sex Positions、Best Sexual Tips。請注意，此類別不包括串流服務。這些應用程式必須歸類為「消費者商店或商業串流服務」。

公用程式、生產力、通訊或其他
App 是公用程式、工具、通訊或生產力 App 或是無法歸類在任何其他類別的 App。範例包括：Calculator Plus、Flashlight、Evernote、Gmail、Outlook.com、Google Docs、Firefox、Bing、Chrome、MX Player 與 WhatsApp。瞭解詳情

▲圖 29-2-11

會被問到的問題，如圖 29-2-12：

其他

App 本身是否可讓使用者透過語音通訊、文字或分享影像或音訊來與其他使用者互動或交換內容？* 瞭解詳情
○ 是　　◉ 否

App 是否與其他使用者分享使用者的目前所在位置？ * 瞭解詳情
○ 是　　◉ 否

此 App 是否可讓使用者購買數位商品？ * 瞭解詳情
○ 是　　◉ 否

App 是否包含任何納粹萬字號或在德國被視為違憲的內容？ * 瞭解詳情
○ 是　　◉ 否

App 是否為網路瀏覽器或搜尋引擎？ * 瞭解詳情
○ 是　　◉ 否

判定分級　　已儲存

▲圖 29-2-12

定位是要有 " 分享給其他使用者 " 才算，如圖 29-2-13：

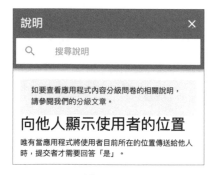

說明　　　　　　　　　　×

🔍　搜尋說明

如要查看應用程式內容分級問卷的相關說明，
請參閱我們的分級文章。

向他人顯示使用者的位置

唯有當應用程式將使用者目前所在的位置傳送給他人
時，提交者才需要回答「是」。

▲圖 29-2-13

先等定價裡面回答完有無廣告，這邊才能開始，如圖 29-2-14：

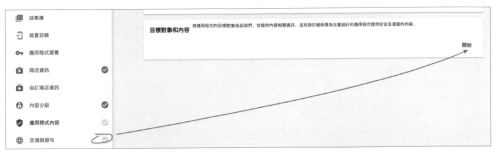

▲圖 29-2-14

國家至少要選一個，如圖 29-2-15：

▲圖 29-2-15

總算看到右下角的按鈕亮起來（痛哭流涕），如圖 29-2-16：

▲圖 29-2-16

看到 " 正在處理更新 " 就代表大功告成啦～接下來就是等審核員大大高抬貴手了，如圖 29-2-17：

▲圖 29-2-17

重點回顧

Lesson 01 - Android Studio

- 大致介紹了 AS 的板面配置
- 最大的差別在於 Android 有規定各種檔案存放的路徑
- 再來以前 Xcode 只有一個 Consolo，AS 分成 Log、Build、Run
- 要執行除錯模式斷點才會停

Lesson 02 - Hello World

- Log 有分類型 v,d,i,w,e，分別對應 Verbose,Debug,Info,Warn,Error
- 模擬器要自己下載
- 實機要啓用開發者模式

Lesson 03 - 專案相關設定

- AndroidManifest 跟 Gradle 是 Android 兩個很重要的設定檔，類似 xcodeproj
- Gradle 有類似 podfile 可以裝套件
- 另外這集有講怎麼設定 icon 跟 Target

Lesson 04 - Activity 生命週期

- Activity 就是類似 ViewController 的東西
- 因爲他們沒有 NavigationController，所以要切換 Activity 要透過 Intent 去 call startActivity（類似 present）

- life cycle 對照表

ViewController	Activity
viewDidLoad	onCreate
willEnterForeground	onRestart
viewWillAppear, didBecomeActive	onStart
viewDidAppear	onResume
viewWillDisappear, willResignActive	onPause
viewDidDisappear, didEnterBackground	onStop
dealloc	onDestroy

Lesson 05 - Activity 啟動模式

- 就是決定要不要 new 一個新的 Activity

- Standard：不管怎樣都一定產生一個新的 Activity 出來。

- Single Top：如果要去的 Activity 已經在 Task 的 Top 的話，就直接拿來用，不然的話才 new。

- Single Task：該 Task 只有一個 Activity，如果 Task 已存在就 pop 回去，中間的 Activity 就都出棧。

- Single Instance：比照 Single Task，有就 pop，沒有才 new，但會 new 在另一條 Task

Lesson 06 - 如何製作畫面

- 可以用拉的，AS 會自動產生 XML

- XML 是人類看得懂的，也可以自己寫 XML，寫的時候可以即時預覽

- 也可以用 Java 寫畫面

Lesson 07 - Layout

- 類似 self.view 地位，但會安排 subView 的位置，主要這三種：

- Linear Layout：畫面很簡單的時候用

- Relative Layout：以前比較常用，現在應該都用 ConstraintLayout
- Frame Layout：Fragment 會用到

Lesson 08 - ConstraintLayout 基礎

- 就是類似 AutoLayout 的東西，介紹基本用法

Lesson 09 - ConstraintLayout 特色

- Guideline：輔助線，可以拿來算比例
- Chain：把多個物件串起來，自動分配位置（像 stackView），但好用很多
- Gone：物件不顯示了，而且位置還會被其他元件替補
- CircleAngle：可以用角度去算

Lesson 10 - TextView + EditText

- 對照表

Android	iOS
TextView	UILabel
EditText	UITextField

- 不用寫 code 就可做到跑馬燈跟 UITextView 自動長高

Lesson 11 - Button + Dialog

- 對照表

Android	iOS
Button	UIButton
Dialog	UIAlertController

- 基本上 Android 的元件事件都是用監聽（setOnXXXXXListener）給他一個 Closure
- Alert 可以用鏈式寫法一路點下去很爽

- 有個小提示叫做 Toast，可以顯示訊息給 user

Lesson 12 - ImageView + ImagePicker

- 對照表

Android	iOS
ImageView	UIImageView
Bitmap	UIImage

- 圖片檔名連一個大寫都不能出現＝＝，不然就會 build 不起來
- scaleType 就是以前的 UIContentMode

    (1)UIViewContentModeScaleToFill = fitXY

    (2)UIViewContentModeScaleAspectFit = fitCenter

    (3)UIViewContentModeScaleAspectFill = centerCrop

- 注意：某些廠牌的手機，圖片可能被轉 90 度
- 模擬器可以測相機

Lesson 13 - Spinner + DatePickerDialog

- 對照表

Android	iOS
Spinner	UIPickerView
DatePickerDialog	UIDatePicker

Lesson 14 - SeekBar + ProgressBar

- 對照表

Android	iOS
ProgressBar	UIActivityIndicatorView
SeekBar	UISilder

- Loading 轉圈動畫是用 ProgressBar

Lesson 15 - Buttons = [Radio,Chip,Switch,Toggle,Material]

- 對照表

Android	iOS
RadioButton	UISegment
Switch	UISWitch
ToggleButton	無
Chip	無
MaterialButton	UIButton

- Chip 可以做到常見的 tag 或是 Mail 收件人功能

Lesson 16 - RecyclerView

- 以前都用 ListView，但不像 TableView 有回收的機制，後來就出了個 RecyclerView
- iOS 的 Delegate 跟 DataSource，在安卓世界裡要用個 RecyclerView.Adapter 來處理三個必做的方法

  (1)onCreateViewHolder（給它畫面）

  (2)onBindViewHolder（給它資料或監聽點擊）

  (3)getItemCount（資料筆數）
- Adapter 裡面要有個 RecyclerView.ViewHolder 負責持有畫面跟更新資料

Lesson 17 - BottomNavigationView + Fragment

- BottomNavigationView 做出來會像 TabBarController，但是很像 View 上面放幾個按鈕然後把 subView 換掉的感覺
- 我的理解，因爲 Android 不像 iOS 可以 ViewController addChildViewController，所以他們發明了可以加在 Activity 上的東西：Fragment

- 因此 iOS 上常見的 ContainerViewController 模式到的 Android 上就要請 Fragment 出馬了

Lesson 18 - call API

- 用 OkHttp 套件
- manifest 要加 <uses-permission android:name="android.permission.INTERNET" />，不然會閃退
- 由三大部分 OkHttpClient, Request, Call 組成一次網路請求
- callback 裡動 UI 要用 runOnUiThread 包起來

Lesson 19 - JSON 轉物件

- 用 Gson 套件
- 一 行 搞 定：XXXClass xxxInstance = new Gson().fromJson(jsonString,XXXClass. class);
- @SerializedName 可以跟後端的欄位命名匹配

Lesson 20 - Activity Gallery

- 內建一些範本可以參考或修改
- Drawer：漢堡側邊欄
- Tabbed：左右滑動切換頁面
- Master/Detail：SplitViewController
- FullScreen：就是不會看到安卓系統下面的那條

Lesson 21 - 指紋辨識

- 在 manifest 加上權限申請 <uses-permission android:name="android.permission. USE_FINGERPRINT" />

- FingerprintManager：檢查跟辨識使用

- CancellationSignal：取消辨識使用

- 另外說明了怎麼設定才能在模擬器上測指紋

Lesson 22 - Google Map

- 要去 Google API 網站申請 API Key 才能用

- 用 getSystemService（Context.LOCATION_SERVICE）取得 locationManager

- 用 locationManager.requestLocationUpdates 去定位

- 用 locationManager.removeUpdates（this）停止定位

- 用 mMap.animateCamera（cameraUpdate）去移動位置

Lesson 23 - 本地儲存

- 用 SharedPreferences（類似 UserDefault）

- 有 file 的概念，可以開很多個 xml 檔，不像我們只有一個 .plist

Lesson 24 - Room

- 是個 Google 官方提供的套件

- 用來存取 SQLite 達到本地資料庫的 CRUD

- 分成三個 Class：Entity（就是 Model）、DAO（負責新刪改查）、Database（存資料的地方）

- AS 的 Device File Explorer 可以導出資料庫

Lesson 25 - ActionBar

- 就是上面那條 NavigationBar 的位置

- 改成客製：style.xml 的 DarkActionBar 改成 NoActionBar > findviewbyID 取得 layout 上的 ActionBar > setSupportActionBar

- 沒有改成 NoActionBar 就 setSupportActionBar = 閃退
- 客製 ActionBar 就是 Activity 上的一個 view

Lesson 26 - FCM Notification

- FCM = Firebase Cloud Messaging
- 已整合進 AS（在 Tools 裡可以找到）
- 不用取得 user 權限也可收推播
- 實作繼承 FirebaseMessagingService 的 Service 去 override onMessageReceived
- 不像 iOS 一定要走 APNs，他們也可以不透過 FCM，像在中國 Google 不通，就要用其他的推播服務

Lesson 27 - APP Widget

- Android 的 widget 繼承於 BroadcastReceiver
- 生命週期：onEnabled（加入第一個 widget 時呼叫）、onUpdate（只要加入 widget 時就會呼叫）、onDeleted（只要刪除 widget 時就會呼叫）、onDisabled（刪除最後一個 widget 時呼叫）
- onReceive：因為是繼承 BroadcastReceiver，所以也可以發廣播給它
- 佈局只支援 FrameLayout、LinearLayout、RelativeLayout、GridLayout
- 元件只支援 AnalogClock、Button、Chronometer、ImageButton、ImageView、ProgressBar、TextView、ViewFlipper、ListView、GridView、StackView、AdapterViewFlipper（連子類也不行）
- widget 跟畫面的溝通必須要透過一個 RemoteViews 類來處理

Lesson 28 - 伸縮 Banner + 瀑布流 + CardView

- CardView：就是 FrameLayout 的一種，但是加了一些現在常用的設計，例如圓角/陰影等等

- 瀑布流：給 RecycleView 一個 StaggeredGridLayoutManager 就 OK 了，超簡單
- 伸縮 Banner：透過 CoordinatorLayout 跟 CollapsingToolbarLayout 即可達成～不用寫 code
- 在 AndroidMenifest 把 Activity 的 label 改掉，會蓋掉 app_name

Lesson 29 - 上架

- Android 的 key（憑證）是存在本地的，沒保管好就不能更新架上的 APP 了（現在 Google 有代管服務了）
- 打包跟送審流程每個步驟都截圖下來了，直接去看吧～

M•E•M•O

跟著 iOS Developer 一起學寫 Android App

讀者回函

讀者回函

感謝您購買本公司出版的書，您的意見對我們非常重要！由於您寶貴的建議，我們才得以不斷地推陳出新，繼續出版更實用、精緻的圖書。因此，請填妥下列資料(也可直接貼上名片)，寄回本公司(免貼郵票)，您將不定期收到最新的圖書資料！

購買書號： 　　　　**書名：**

姓　　　名：＿＿＿＿＿＿＿＿＿＿＿＿＿＿＿＿＿＿＿＿＿＿＿＿＿

職　　　業：□上班族　　□教師　　□學生　　□工程師　　□其它

學　　　歷：□研究所　　□大學　　□專科　　□高中職　　□其它

年　　　齡：□10~20　□20~30　□30~40　□40~50　□50~

單　　　位：＿＿＿＿＿＿＿＿＿＿＿＿部門科系：＿＿＿＿＿＿＿＿＿

職　　　稱：＿＿＿＿＿＿＿＿＿＿＿＿聯絡電話：＿＿＿＿＿＿＿＿＿

電子郵件：＿＿＿＿＿＿＿＿＿＿＿＿＿＿＿＿＿＿＿＿＿＿＿＿＿

通訊住址：□□□＿＿＿＿＿＿＿＿＿＿＿＿＿＿＿＿＿＿＿＿＿＿＿

您從何處購買此書：

□書局＿＿＿＿　□電腦店＿＿＿＿　□展覽＿＿＿＿　□其他＿＿＿＿

您覺得本書的品質：

內容方面：　□很好　　　　□好　　　　□尚可　　　　□差

排版方面：　□很好　　　　□好　　　　□尚可　　　　□差

印刷方面：　□很好　　　　□好　　　　□尚可　　　　□差

紙張方面：　□很好　　　　□好　　　　□尚可　　　　□差

您最喜歡本書的地方：＿＿＿＿＿＿＿＿＿＿＿＿＿＿＿＿＿＿＿＿＿

您最不喜歡本書的地方：＿＿＿＿＿＿＿＿＿＿＿＿＿＿＿＿＿＿＿＿

假如請您對本書評分，您會給(0~100分)：＿＿＿＿＿＿分

您最希望我們出版那些電腦書籍：

請將您對本書的意見告訴我們：

您有寫作的點子嗎？□無　□有　專長領域：＿＿＿＿＿＿＿＿＿＿＿

廣　告　回　函
台灣北區郵政管理局登記證
北台字第 4 6 4 7 號
印 刷 品 ‧ 免 貼 郵 票

221

博碩文化股份有限公司　產品部

新北市汐止區新台五路一段112號10樓A棟

如何購買博碩書籍

全 省書局

請至全省各大書局、連鎖書店、電腦書專賣店直接選購。

（書店地圖可至博碩文化網站查詢，若遇書店架上缺書，可向書店申請代訂）

信 用卡及劃撥訂單（優惠折扣85折，未滿1,000元請加運費80元）

請於劃撥單備註欄註明欲購之書名、數量、金額、運費，劃撥至

帳號：17484299　戶名：博碩文化股份有限公司，並將收據及

訂購人連絡方式傳真至(02) 26962867。

線 上訂購

請連線至「博碩文化網站 http://www.drmaster.com.tw」，於網站上查詢

優惠折扣訊息並訂購即可。

DrMaster

深度學習資訊新領域

http://www.drmaster.com.tw

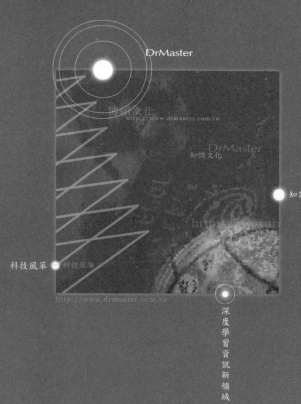

DrMaster

http://www.drmaster.com.tw

知識文化

科技風革

http://www.drmaster.com.tw

深度學習資訊新領域